U0965282

专家与您手拉手系列丛书

樱桃 第2版
栽培技术问答

Yingtao Zaipei Jishu Wenda

朱德兴 孙庆田 董清华 主编

本套丛书
总印数已达
75万册以上

中国农业大学出版社
CHINA AGRICULTURAL UNIVERSITY PRESS

内容摘要

本书以问答的形式，对大樱桃的栽培技术给以了系统的阐述，内容全面而扼要，注意实用性与学术性兼顾，理论联系实际，并附有大量插图。本书适合广大生产者、科技工作者、农业院校师生及对这方面感兴趣的人员阅读。

图书在版编目(CIP)数据

樱桃栽培技术问答/朱德兴，孙庆田，董清华主编. —2版. —北京：中国农业大学出版社，2014.12

ISBN 978-7-5655-1098-4

Ⅰ.①樱…　Ⅱ.①朱…②孙…③董…　Ⅲ.①樱桃-果树园艺-问题解答　Ⅳ.①S662.5-44

中国版本图书馆CIP数据核字(2014)第244048号

书　名　樱桃栽培技术问答　第2版

作　者　朱德兴　孙庆田　董清华　主编

策划编辑　张秀环　　**责任编辑**　张秀环
封面设计　郑　川　　**责任校对**　王晓凤
出版发行　中国农业大学出版社
社　址　北京市海淀区圆明园西路2号　　**邮政编码**　100193
电　话　发行部 010-62818525，8625　　读者服务部 010-62732336
编辑部 010-62732617，2618　　出　版　部 010-62733440
网　址　http://www.cau.edu.cn/caup　　**e-mail**　cbsszs@cau.edu.cn
经　销　新华书店
印　刷　涿州市星河印刷有限公司
版　次　2016年1月第2版　　2016年1月第1次印刷
规　格　850×1 168　32开本　　8.375印张　210千字
定　价　22.00元

图书如有质量问题本社发行部负责调换

编委会

主编　朱德兴　孙庆田　董清华

编者　朱德兴　孙庆田　董清华　刘学卿

　　　李宪奎　黄志友　蒋瑞山　孔　云

前　言

樱桃是北方落叶果树中成熟最早的树种，素有“春果第一枝”的美称。樱桃有大樱桃、小樱桃之分，大樱桃是西洋樱桃中甜樱桃和酸樱桃的统称，小樱桃主要指中国樱桃和毛樱桃。在樱桃栽培中，小樱桃的比重越来越少，逐步被大樱桃取代。因此，本书主要对大樱桃的栽培技术给以阐述。

近十几年来，我国大樱桃的栽培面积迅速增加，许多地区涌现了一些高效益典型，北方大城市近郊樱桃园的观光采摘也十分兴隆。这极大地刺激了人们栽种大樱桃的积极性，大樱桃面积还会进一步扩大。许多地区刚开始引种、试栽，对大樱桃这一树种不够了解，生产中存在的问题较多。

本书结合生产实际，以问答的形式，较为详细地介绍了大樱桃的各器官功能、作用、生长、发育和品种特性，希望读者从生理上了解樱桃，懂得樱桃的生长发育规律；以樱桃生产关键技术为轴线，帮助读者正确地选择配置优良品种和砧木，科学建园，对整形修剪、花果管理、土肥水管理、设施栽培、病虫害防治、贮藏保鲜等方面的问题进行了全面地阐述。在表述方法上，尽量做到图文结合，深入浅出，通俗易懂。

标准化管理是现代果品业的一个显著特征，是提升果品档次，增加效益的有效途径。本书将樱桃产业的相关标准，贯穿于各个章节，希望广大生产者能够掌握“无公害、绿色、有机”樱桃标准化生产技术，促进我国的樱桃产业标准与世界生产标准接轨。

本书编写过程中，参阅了樱桃专家的大量文献，并录入了部分相关资料，仿绘了部分图例。在此，向原书作者和提供资料、图例的同志们表示衷心的感谢。

由于编者水平有限，书中不妥之处，敬请批评指正。

编　者

2014 年 5 月

目　录

一、概　　述

☞ 1．樱桃树是什么样的果树？

樱桃是蔷薇科、李属、樱桃亚属果树。我国生产栽培的，主要有中国樱桃、甜樱桃、酸樱桃和毛樱桃4个种。其中，中国樱桃和毛樱桃果个小，品质一般或较差，通称为“小樱桃”。甜樱桃和酸樱桃，以及两者的杂交种，果个大，肉质丰满，品质优良，通称为“大樱桃”。因为酸樱桃和杂种樱桃在我国生产中栽培的数量较少，通常说的“大樱桃”均指甜樱桃。

☞ 2．中国樱桃的栽培历史及分布是怎样的？

中国樱桃原产于我国，已有2 500～3 000年的栽培历史。1965年从战国时期的古墓中发掘出樱桃种子，据鉴定，认为是中国樱桃。西汉《尔雅》中记载的“楔荆”就是中国樱桃。东汉《四民月令》有“羞以含桃，先荐寝庙”的记载。据《说文》考证，“含桃”，即莺桃，莺鸟所食，又名含桃。到北魏贾思勰的《齐民要术》中对樱桃的栽培有了详细记述：“二月初，山中取栽；阳中者，还种阳地；阴中者，还种阴地。”这说明劳动人民已掌握了较高的栽培技术。

中国樱桃在我国分布很广，北起辽南、华北，南至云南、贵州、四川，西至甘肃、新疆等地都有栽培。但栽培最多者为江苏、浙江、安徽、山东、河北等地。东北北部、内蒙古、西北寒地栽培者多为毛樱桃。

☞ 3. 大樱桃的传播与栽培历史是怎样的?

大樱桃主要包括欧洲甜樱桃、欧洲酸樱桃、欧洲甜樱桃与欧洲酸樱桃的杂交种 3 种。甜樱桃演变出甜樱桃品种和马扎德(Mazzard)类型,酸樱桃演变出浅色和深色两种酸樱桃,中间型的公爵樱桃被认为是甜樱桃和酸樱桃的杂交种。

经植物学家和考古学家的研究认为,樱桃在欧洲最早开始栽培是在公元1 世纪。据考证,公元前 65 年,意大利的罗马帝国时代,罗马执政官鲁克露斯远征波斯,回国后命人从由他毁灭的一个城市圣拉萨斯将酸樱桃带到了罗马,公元 65 年,意大利的樱桃栽培已有 8 个栽培品种。罗马人又把樱桃带到德国和英国南部栽培。公元 2—3 世纪,欧洲甜樱桃逐渐传到了欧洲大陆各地,特别普及于德国、英国、法国。正式经济栽培由 16 世纪开始,当时品种少于 20 个,德国为栽培中心。到 17 世纪欧洲樱桃传入了新大陆,18 世纪初叶被引入美国,19 世纪传入日本和中国。

1874—1875 年(日本明治 7—8 年),日本政府从美国、欧洲引进多种甜樱桃种苗,在三田育种场育成苗木并分配到东北、北海道、甲信等诸县栽培。到 1890 年(明治 23 年)除山形县外,北海道、青森、秋田、福岛、长野、山梨等也在明治时代开始了大樱桃栽培。

南非的大樱桃最早是 1652 年引进的,到 1860 年在好望角附近建成第一个樱桃园。现在主产区位于东部自治州的南非高原。

我国的大樱桃栽培是从 19 世纪 70 年代开始的,是通过西方传教士和侨民、船员引入的。

1870 年前后,山东省烟台市芝罘区朱家庄村由美国船员引进大紫品种。1880—1885 年该区樗岚村由朝鲜仁川引进那翁品种,后传到龙口、威海、青岛、大连等地。

1887 年，新疆塔城塔塔尔族人依布拉依木拜由俄国带回酸樱桃在当地栽培，后推广到阿克苏、喀什等地，至今已有 100 多年的栽培史。

1920 年前后，德国传教士带进欧洲甜樱桃栽于山东省费县塔山林场，后传到山东省蒙阴、沂水、临沂三县。

1920 年前后，丹东市引入了欧洲甜樱桃的杂交种。据调查，最早在侨居的丹麦人瓦利森的庭院及原三育中学栽植，分析可能由丹麦、德国、美国、法国引进。

1930 年前后，山东省泰安原耶稣教家庭果园自日本引入 300 株甜樱桃，主要品种是那翁，同时期青岛果产公司从美国引进大紫、那翁、水晶等品种。

☞ 4．大樱桃栽培的经济意义有哪些？

大樱桃经济价值高，经济寿命 20 年以上，树体寿命可达 80～100 年。大樱桃树姿秀丽，花早色艳，可用来绿化庭院，美化环境。大樱桃果实色佳味美，被誉为水果之冠，不仅是人们喜欢生食的稀有佳品，而且是加工制造罐头、果脯、蜜酒和其他副食品的上等原料，欧美各国在严寒或高温地方多栽培酸樱桃，果实主要供加工或佐餐用。

大樱桃营养丰富。据日本古田氏和田村等研究分析，大樱桃的可食部分占 88%，所含水分为 85.5%，热量为 217.6 J，其主要成分是糖分。甜樱桃含糖 11.9% 左右，酸樱桃含糖 7% 左右。甜樱桃含有机酸为 1.0%，主要是苹果酸，此外含微量柠檬酸、酒石酸、琥珀酸。甜樱桃含蛋白质为 1.1% 左右，除坚果类外，在一般水果中仅次于梅、香蕉、无花果等。作为游离氨基酸的天门冬酰胺特别多，每 100 g 果汁中有 47.0 mg，在一般水果中为最高。此外天门冬氨酸也较多。甜樱桃含灰分 0.6%，其中大半为钾，其次为磷、钙、氧化铁，在 100 g 可食部分中含胡萝卜素为苹果含量的 2.7 倍，维生素 C 为 10 mg。

大樱桃还有重要的药用价值，其根、枝、叶、核、鲜果皆可入药。果实味甘性温，有调中益脾之功，对调气活血、平肝去热有较好疗效。另外，大樱桃还具有促进血红蛋白的再生作用，对贫血患者的身体有一定的补益。

在北方落叶果树中，大樱桃是继中国樱桃之后春季上市最早的果品，素有“春果第一枝”的美称，在调节鲜果淡季市场供应，满足人民生活需要方面，有着特殊的作用。其果实色泽鲜艳，晶莹美丽，营养丰富，外观和内在品质俱佳，被誉为“果中珍品”，具有极高的经济价值。美国农民称大樱桃为“宝石水果”，称大樱桃种植为“黄金种植业”。然而，由于长期以来我国各地都把大樱桃归属为“小杂果”之列，未给予足够的重视，加之受贮藏、运输设施以及生产技术、栽培条件等方面的限制，至今未形成规模化生产。目前除在山东半岛、辽东半岛、河北及北京的部分地区有较大面积的栽培以外，其他地区很少栽培，以至于大樱桃价格持续走高，难进寻常百姓之家。在果品供应总量相对过剩、市场竞争日趋激烈的今天，在适宜大樱桃生长栽培的地区扩大大樱桃的种植规模，对于促进新一轮农业产业结构调整，增强我国果品的竞争力，提高果品生产的经济效益，拓宽农民的增收途径都有着十分重要的现实意义。

☞ 5. 大樱桃在全世界的分布及产量是怎样的？

樱桃是温带落叶果树，主要分布于北半球的温带地区。欧洲栽培的大樱桃为欧洲甜樱桃和酸樱桃，这两个种原产亚洲西南部和欧洲南部一带，多见于里海和黑海沿岸。大樱桃在公元前 1 世纪开始栽培，到 16 世纪欧洲各国才开始商业化栽培，其中德国、意大利、土耳其、英国、法国栽培面积最大；18 世纪传入美国，19 世传入中国和日本，现在樱桃已成为欧美各国重要的栽培水果。其主要分布区有：北美分布区，主产地为加拿大南部和美国中北部地区；西欧分布区，主产地为德国、意大利、西班牙、法国，冬暖夏凉的地中海气候非常适宜樱桃生长；东欧分布区，主产地为罗马尼亚、波兰、保加利亚、奥地利、乌克兰等；西亚分布区，主产地有伊朗、土耳其、黎巴嫩、叙利亚；东亚分布区，主产地仅限于中国、日本、韩国的局部地区；大洋洲分布区，主产地是澳大利亚和新西兰；另外，非洲、南美洲栽培面积也在增加，如北非的摩洛哥，南美的智利，已形成产业。

根据联合国粮农组织统计，到 2010 年全世界樱桃面积 379.814 hm^2，土耳其、伊朗、美国位居前三位，占世界面积的 30%，从单位面积产量看，此三国都在每公顷 8 t，而大多数国家在每公顷 4 000 kg 左右。

表 1　世界樱桃主产国面积产量统计

国别	面积（hm^2）	总产量（t）	单产量（kg/hm^2）	各国面积占世界比例（%）
土耳其	42 054	417 790	9 935	11.0
美国	35 625	287 805	8 079	9.38
伊朗	30 400	255 500	8 404	8.00
意大利	30 020	115 476	3 846	7.9
西班牙	23 800	80 300	3 374	6.27
叙利亚	17 200	86 300	5 017	4.5
俄罗斯	16 000	66 700	4 168	4.2
智利	18 143	59 000	3 252	3.46
乌克兰	12 600	73 000	5 793	3.3
黎巴嫩	11 800	38 700	3 279	3.1
全世界	379 814	2 130 851	5 610	

(1)主要出口国分布及出口量。根据 FAO 最新公布的统计，世界第一大出口国是美国，土耳其、智利、奥地利等紧随其后。从近年来世界樱桃出口市场的价格变化来看，美国出口价格近 10 年

来变化不大，一直处于 4 000～5 000 美元/t，欧洲国家出口价略有升高，南美智利的出口价格大幅提高，原因是智利的樱桃出口与北半球主产国反季供应，多用于空运和特殊包装，费用较高。（详见表 2）

表 2　2009 年世界前十大樱桃出口国出口量及出口单价

国家	出口量（t）	出口货值（$\times10^3$ 美元）	出口单价（美元/t）
美国	69 754	309 429	4 436
智利	23 474	149 172	6 355
土耳其	50 785	132 579	2 611
西班牙	25 498	80 040	3 139
奥地利	18 553	79 854	4 304
吉尔吉斯坦	12 881	35 379	2 747
欧盟	17 649	31 915	1 808
波兰	10 995	13 610	1 238
叙利亚	6 710	9 338	1 392
希腊	6 787	18 961	2 814

（2）主要进口国分布及进口量。根据 FAO 最新公布的统计，2009 年前十大樱桃进口国进口情况可见，目前世界范围内樱桃的进口市场要分四大区块：西欧、东亚、北美和俄罗斯。其中西欧、北美等是传统消费市场。异军突起的进口消费市场是东亚地区，主要包括中国、日本、韩国。其中大中国每年进口量超过 4 万吨，且有逐年增加的趋势，主要进口来源是美国和智利等。在春节前后的国内各大中城市超市，都可见智利产的“宾库”和“拉宾斯”等大樱桃鲜果在架，且价值不菲。（详见表 3）

2009 年世界十大樱桃进口国樱桃进口量及单价

国家	进口量(t)	进口货值（×10^3 美元）	进口单价（美元/t）
欧盟	38 322	173 525	4 528
俄罗斯	69 782	121 678	1 741
加拿大	30 488	108 604	3 562
中国	18 413	100 773	5 473
日本	20 701	88 896	4 294
奥地利	11 009	88 423	8 032
德国	22 407	72 810	3 249
英联邦	17 070	68 226	3 997
美国	12 693	51 080	4 024

☞ 6．大樱桃在国内的分布及现状如何？

中国樱桃在我同的栽培历史已有 3 000 多年，但大樱桃的栽培历史较短，大约有 130 年，且主要分布在渤海湾沿岸一带。烟台是中国栽培欧洲甜樱桃的发源地，全国栽培的品种中有 80％是烟台引进和选育的，山东是我国大樱桃栽培面积最大、产量最多的一个省份，共 100 万亩，大连、秦皇岛也有广泛栽培。据调查，我国目前大樱桃栽培的主要省份有 25 个省市自治区：主要在山东、辽宁、陕西、四川、北京、河南、河北、甘肃、山西、浙江、云南、贵州等，最集中的栽培区为山东烟台市和大连市，山东省面积占全国面积的 50％左右。我国 2013 年大樱桃收获面积为 200 万亩，总产50 万吨。

☞ 7. 我国大樱桃生产存在的问题有哪些？

我国甜樱桃生产虽然发展极为迅速，有望成为新兴的果树产业，但其中暴露出的问题也应引起重视，这些问题主要表现在以下几个方面。

(1)存在盲目发展的趋势。甜樱桃虽然是个高效益的果树种类，但其适应性较其他北方果树却要差得很多。在我国相当多的地区，自然气候条件不适宜其生长发育，如冬季干冷多风、夏季高温多雨闷热、土质黏重易积涝、春短升温过快等类型的地区不宜发展甜樱桃。雨季早的地区若不实行避雨栽培，果实成熟期即已进入雨季，则极易引起大量裂果，难以形成商品产量。

(2)砧木混杂。目前我国生产上应用的甜樱桃砧木种类较多，良莠不齐。本溪山樱桃虽然抗寒性强，根系较发达，但存在"小脚"现象，植株进入盛果期后易致树势衰弱，抗涝性、抗根癌能力较差。草樱根系发达，须根多，与甜樱桃嫁接亲和性好，小脚现象不明显，植株生长发育快，但粗根少、根系浅，植株抗风、抗旱、抗寒能力均较差，而且根癌病和流胶病较重，尤以莱阳矮樱桃为甚。马哈利樱桃是国外常用的甜樱桃砧木，欧美各国普遍采用，但与一些品种嫁接亲和力差，成活树粗根多，细根少，风土适应性差，大量结果后极易引起死树。

(3)品种混乱。由于大樱桃品种多数由国外引进，引进渠道很多，许多品种的品种特性还没有弄清，就在生产中推广，经常会给生产造成损失。近几年大樱桃效益较高，受盲目发展的影响，苗木品种及砧木的准确度也令人担忧。

(4)整形修剪不当。在北方落叶果树中，甜樱桃的整形修剪技术是最不完善的，多数是机械地照搬其他树种的整形修剪方法，没有按照甜樱桃自身的生长发育规律选择树形，进行修剪。有些甜樱桃园的短截过多、过重，导致树势过旺，满树大条子，加之又不进行拉枝，致使树体上强外旺，内膛小枝枯死、空虚。有的甜樱桃园又走向另一个极端，过分强调轻剪缓放，不打头，但夏季修剪如摘心、扭梢、拉枝、刻芽等工作又跟不上，结果使许多连续缓放的枝延长、加粗过快，虽然也缓出了部分短枝，但由于大枝顶端优势极强，导致小枝早衰，许多叶丛枝甚至在萌发的当年夏秋季即由于大枝加粗过快而脱落。树体过于高大、树冠各部分长势差异悬殊、树体骨架不合理、从属不明、树势不稳，结果晚、产量低、不稳产的现象极为普遍。

(5)对标准化栽培认识不足。由于传统生产技术和短缺经济的影响，樱桃生产片面追求产量而忽视了质量的提高。但是，随着我国人民生活水平的不断提高，人们的健康意识和环境意识不断加强，安全、健康已成为人们选择食品的首要原则，没有经过食品安全认证的樱桃产品，已不受欢迎。

(6)设施栽培技术不完善。甜樱桃设施栽培虽已出现了许多高产高效的典型，但与其他果树种类比较，技术仍然未完善，生产不稳定，设施栽培甜樱桃除存在上述普遍生产问题外，还有许多亟待解决的难题。如植株生长发育节律紊乱，补偿性生长严重，花芽分化少，坐果率低，不能连续丰产。

☞ 8. 我国大樱桃生产的发展应把握好哪些方面？

大樱桃作为一种早熟的名特优果品，目前正在适宜栽培地区积极发展中。发展大樱桃生产，应切实注意搞好以下几个方面的问题。

(1)做好品种的选育、引种，加快品种结构调整。大紫和那翁曾经是全世界栽培范围最广、栽培数量最多的品种，也是烟台大樱桃产区的最主要的栽培品种。由于那翁果实的加工性状优良，曾是烟台大樱桃产区最受欢迎的品种。但近年来因为加工数量减少，加之人们鲜食习惯更喜欢红色品种，为此，鲜食、加工兼用的红色品种如红灯等就有了较大的发展。近年来，我国各地已由国内外选育和引进了许多新品种，有些具有特异性状，如可以自花授粉结实的斯坦勒和拉宾斯等。对这些新的优良品种资源积极做好试栽，选择应用那些适应性广、抗逆性强、丰产、质优、鲜食加工兼用的优良品种，做好早、中、晚熟品种搭配，是发展大樱桃生产的首要问题。

(2)选择适应性广、抗逆性强、嫁接亲和力高、抗根癌病、资源丰富的优良砧木。砧木选择的适宜与否，在一定程度上，甚至可成为大樱桃栽培成败的关键。在目前已经利用的砧木资源中，中国樱桃中的一些品种、类型，如烟台大樱桃产区选出的大叶型草樱桃(大青叶)，对根癌病有一定抗性，适于在冬季不发生冻害的地区应用。近年来，烟台市农科院选育出优选大青叶，大叶大，引进了戴米尔、凯米尔等砧木，根系发达，与多个品种的嫁接亲和力好，抗旱，抗根瘤，抗流胶，抗根茎腐烂，耐瘠薄，繁殖容易。欧、美一些国家采用樱桃种间杂交和实生选种等方法，选出了许多优良的樱桃矮化砧。德国吉森(Giessen)大学选育出吉塞拉(Gisela)系列矮化砧。其中，Gisela5 具有嫁接亲和性好、早实丰产、抗逆性和抗病毒性强等优点，但需要在有水浇条件、肥沃的土壤上种植，否则，树易早衰，果个小。

(3)实现大樱桃的标准化生产。由于近几年樱桃效益较高，全国各地樱桃栽培面积增加迅速，但生产技术相对落后。新产区因没有栽培经验，多采用其他落叶果树的管理模式；老产区虽有一定栽培经验，但市场对樱桃果实商品性和食用安全性的要求越来越高，传统生产模式也受到挑战。如何根据国家农产品无公害、绿色、有机标准，结合产地生态条件，制定自己的生产技术操作规程，进行标准化、规范化生产，将是大樱桃产业发展的必然趋势。

(4)发展设施栽培.提高经济效益。大樱桃的设施栽培，是日本近年来迅速兴起的一项高效益产业。据日本农林水产省统计，1990年日本全国甜樱桃的设施栽培面积为757 hm^2，占樱桃栽培总面积的1/4，果实成熟期可提早到3～4月份。烟台市福山区、芝罘区和栖霞市等地，是在国内最早开展设施栽培地区，从1991年开始进行大棚栽培，取得了成功，果实成熟期可提前0.5个月左右，能有效避免花期霜冻，经济效益为露地栽培的几倍，近几年，鲁中南地区设施樱桃大面积增加，如潍坊市临朐县等地已形成规模化、市场化，效益显著。因此，在发展大樱桃生产中，可以积极应用这项技术，使之尽快形成一项高效益产业。

☞ 9. 我国发展大樱桃的优势和前景有哪些？

(1)发展大樱桃生产可以充分发挥我国劳动力资源丰富、价格便宜的优势，可以解决农村劳动力大量过剩的问题。大樱桃生产是典型的劳动密集型产业，其主要表现就是果实采收费用过高，在德国，用相对低廉的东欧劳动力，每采收1 kg大樱桃的费用就需要0.8～0.9马克，折合人民币3.1～3.5元；在美国，雇佣墨西哥人采收大樱桃，每采收1 kg大樱桃的费用需要0.55～0.60美元，平均每666.7 m^2采收费用折合人民币3 600～3 700元；在日本，由于种植大樱桃的高额投入，大樱桃种植业趋于萎缩。而在我国，平均每666.7 m^2采收费用为200～250元人民币，和发达国家相比相差10余倍。这就使得我们和经济发达国家的竞争中，在价格上占优势。扩大大樱桃的种植规模并进军国际市场，就相当于向国际市场输出了大量劳动力。也正是因为如此，美国等主要大樱桃生产国多年来就关注我国的大樱桃生产情况，视我国为最大的竞争对手。

(2)大樱桃的适栽范围相对较小，适栽地区可以很快形成区域特色优势，市场风险较小。大樱桃喜温而不耐寒，冬季的绝对最低温度是影响大樱桃分布最北限的重要因素，而且由于开花较早，很容易受到早春晚霜的危害；高温干旱和高温、高湿地区均不适宜大樱桃正常生长、开花、结实。正是由于大樱桃本身的生物学特性的限制，大樱桃的适栽范围较小。就目前我国现有的种植规模来看，尚有相当大的发展空间。在已经证明可以栽培大樱桃的地区适度扩大种植规模，不容易出现其他大宗水果那样滞销难卖的市场风险。

(3)大樱桃生产管理费用相对较低，容易实现无公害化生产。相对于其他果树树种而言，大樱桃果实生长周期较短，生产费用相对较低，而更为重要的是在果实发育期间病虫害发生的几率低，需要喷洒的农药量小，容易实现无公害化生产，这有利于打破“绿色贸易壁垒”，增强国际竞争力，扩大国际、国内的市场份额。

(4)良好的外部条件为大樱桃的迅速发展提供了机遇。经过近 20 年的发展，我国的高速公路网络已经初步形成，海路和空中运输四通八达，贮藏设施的建设水平也有了较大的提高，这就为大樱桃的贮藏运输提供了保证；更为重要的是我国加入了世界贸易组织，为我们平等地参与世界市场的竞争提供了广阔的空间。

山东烟台是国内引种大樱桃最早的地区，由于生态条件适宜，栽培技术成熟，果实品质优良，发展速度很快，其栽培面积占全国大樱桃总面积的一半以上，“烟台大樱桃”已经成为闻名遐迩的地方名产；近年来，山东潍坊、临沂、济宁、枣庄等中南部地区的部分县(市)都有了成功引种和规模栽培大樱桃的经验，取得了极为显著的经济效益，为大樱桃的进一步发展积累了丰富的经验。

☞ 10. 什么是农业标准化？樱桃标准化生产的内容有哪些？

(1)标准化是指在一定范围内获得最佳秩序，对实际的潜在的问题制订共同的和重复的规则的活动。农业标准化是以农业为对象的标准化活动，即运用“统一、简化、协调、选优”原则，通过制订和实施标准，把农业产前、产中、产后各个环节纳入标准生产和标准管理的轨道。农业标准化是农业现代化建设的一项重要内容，是“科技兴农”的载体和基础。它通过把先进的科学技术和成熟的经验组装成农业标准，推广应用到农业生产和经营活动中，把科技成果转化为现实的生产力，从而取得经济、社会和生态的最佳效益，达到高产、优质、高效的目的。它融先进的技术、经济、管理于一体，使农业发展科学化、系统化，是实现新阶段农业和农村经济结构战略性调整的一项十分重要的基础性工作。

(2)樱桃标准化栽培的主要内容：根据无公害、绿色、有机标准进行樱桃生产，从不同层次规定的生产产地环境、生产方式及产品的安全标准，实行樱桃标准化栽培技术，对樱桃果实有明确的品质要求，注重商品性；确定适度的丰产指标，不盲目地追求高产；规定樱桃的生产过程，对肥料、农药的使用进行严格的控制，特别禁止使用高毒、高残留的农药和其他化学制剂，采用规范化的栽培技术；对樱桃果品及加工产品的安全等级、外观、品质、风味进行等级评价，真正实现优质优价，从传统的以数量取胜的生产方式中转变过来，提高我国樱桃产品的国际竞争力。樱桃标准化栽培技术的主要内容如下：

首先要高标准建立樱桃园，这是实行标准化栽培技术的基础，包括园地环境质量标准，品种选择及栽培方式等；另外，要根据樱桃生长结果表现，确定合理的管理技术参数，按照“控产保质”的定向栽培要求，应根据樱桃园具体情况，如品种、树龄、生长势、栽培管理条件及萌芽率、结果枝率、平均果粒重等生长结果表现，在产量指标适度的基础上，确定合理的植株负载量，为优质丰产奠定基础。为此，需要仔细观察樱桃的生长结果表现，进行必要的系统调查总结和科学研究工作；同时制订和应用规范化的栽培技术，如规范化的整形修剪技术，疏花疏果，科学的肥水管理，病虫害的综合防治，适期采收等。其中肥水管理和病虫害防治是决定产品安全等级的重要因素。

☞ 11. 为什么樱桃要进行标准化生产？

（1）农业标准化生产是世界农业的发展方向：人类在经过原始农业、传统农业和常规现代农业的发展之后，已经认识到现代农业的弊端，如不当的耕作技术造成水土流失，使许多土地荒废；过度种植与放牧使土壤肥力下降；过量地施用化肥和不当地灌溉破坏了土壤结构，加速了次生盐渍化，使土壤生产能力日益下降，而为了维持农田眼前的生产，愈益依赖于化肥，如此反复地恶性循环，导致土壤生态环境的恶化；为了防止有害生物的危害，人们大量使用化学农药和除草剂，虽然暂时控制住了病虫草的危害，保住了产量，但与此同时，杀灭了天敌，破坏了自然界动物、微生物与植物之间生态平衡，有害生物的抗药性逐渐增强，最终将会导致病虫草害的暴发甚至达到难以控制的地步；此外，森林和草原面积的减少使风沙加剧，人类生存环境更加恶化，农业的持续发展受到严重威胁；与此同时，农药、化肥的滥用不仅污染了大气、土壤与河流，也直接威胁到我们的食品安全等，这些问题使发展经济与保护环境的矛盾越来越尖锐，人们已经认识到发展经济不能以牺牲人类赖以生存的环境为代价，世界各国都在积极探讨既能实现发展目标，又能保护和改善生态环境的途径，寻求农业的可持续发展之路。

农业标准化生产是保护环境和发展经济相协调的有效措施，有利于促进农业生产的可持续发展，维护和优化农业基础生产条件，实现保护环境与发展生产的统一。

（2）农业标准化生产是我国经济和社会发展的必然：我国是一个发展中国家，正面临着发展经济和保护环境的双重任务，走可持续发展道路是中国的必然选择。农业是我国国民经济的基础，农村是我国社会发展的主体，农业的可持续发展又是中国经济和社会可持续发展的根本保证。

发展与环境的矛盾是我国农业发展面临的主要矛盾，人口多、耕地少是我国的基本国情，人增地减的逆向运动已经成为我国经济社会发展的“瓶颈”；更为严重的是传统的农业生产方式对自然资源的掠夺性开发，以及大量化肥和化学农药使用，使农业生产所依赖的生态环境日趋恶化，从根本上制约了农业生产的持续和稳定发展，而且严重威胁着人类的健康和安全。

通过农业标准化生产开发绿色食品，有两个根本目的，其一是通过消费绿色食品，增进人们的身体健康；其二是通过生产绿色食品，保护自然资源和生态环境，发展绿色无公害生产，符合我国农业可持续发展的要求，是我国经济和社会发展的必然。

(3)农业标准化生产有利于推动我国农业产业化进程：农业的产业化水平低是导致我国农业生产能力长期低下的主要原因。绿色无公害食品的生产与开发是一项系统工程，强调“从农田到餐桌”的全程质量监控，实行产前、产中、产后的一体化管理，将分散的农户和企业集中起来，以形成“市场引导龙头企业，龙头企业带动农户”的产业化格局，并通过技术和管理，使分散的企业和农户有组织地步入产业一体化的发展轨道，分散的产品有组织地进入流通大市场。因此，实施农业标准化生产，可以推动我国农业产业化，加快农业现代化进程。

(4)农业标准化生产是提高农业整体效益的有效途径：农业标准化生产能够实现“生态效益、社会效益、经济效益”的高度统一，全面提高农业生产的整体效益。绿色无公害生产强调的就是整个生产过程的无污染，可以最大限度地保护生态环境，具有显著的生态效益。通过绿色无公害生产出的绿色无公害食品强调的就是其质量安全，在提高人民的生活质量、保障人类身体健康方面起到了很大的促进作用;由于绿色食品生产属劳动力密集型产业,较传统农业可以消化更多的农村富余劳动力,缓解就业压力,因此,具有良好的社会效益。无公害绿色农产品价格较传统农产品价格高,而且由于减少了化学农药、化肥的投入量,生产成本较传统农业并没有多大的增加,同时由于产业化程度的增加,单位管理成本低于常规农业生产,具有十分显著的经济效益。

(5)农业标准化生产是突破“绿色壁垒”,增强国际竞争力的需要:在当前国际贸易中,绿色壁垒已经成为最重要的贸易壁垒之一,不采取积极的措施应对绿色壁垒,在国际市场上就会寸步难行,而大力发展绿色无公害生产,提升我国农产品的国际竞争力,才是应对绿色壁垒的根本措施。

随着国民收入和生活水平的提高,对安全、优质、营养型的绿色无公害食品的需求量大量增加,国际市场的需求也十分旺盛。据报道,许多发达国家本国有机食品的生产能力远远满足不了需求,需要大量进口,如英国80%的有机食品依赖进口,德国的进口量更是占到了总量的98%。

☞12. 国家无公害樱桃生产标准有哪些?

无公害标准是农业标准化生产的重要标准之一,在生产过程中允许限量、限品种、限时间地使用人工合成的安全化学农药、化肥、兽药、鱼药、饲料添加剂等,但在上市检测时不得超标,无农药残毒。

无公害樱桃生产是指产地环境、生产过程和产品质量均符合国家有关标准和规范的要求,所生产的未经加工或者初加工的樱桃产品必须符合无公害农产品标准,经认证合格获得认证证书并允许使用无公害农产品标志。

无公害樱桃产品是对樱桃产品的基本要求,严格地说,一般樱桃产品都应达到这一要求。

与无公害樱桃生产有关的主要国家标准或行业标准有：国标 GB/T 18406.2—2001　农产品安全质量无公害水果安全要求；国标 GB/T 18407.2—2001　农产品安全质量无公害水果产地环境要求；国家农业行业标准 NY 5201—2004　无公害食品樱桃。

☞13. 樱桃绿色标准生产有哪些标准？

绿色标准也是农产品标准化生产的重要标准，在生产过程中不使用化学合成的农药、肥料、食品添加剂、饲料添加剂、兽药及有害于环境和人体健康的生产资料，而是通过使用有机肥、种植绿肥、作物轮作、生物或物理方法等技术，培肥土壤、控制病虫草害，保护或提高产品品质，从而保证产品质量符合绿色产品标准要求。

绿色樱桃生产是指遵循可持续发展原则、按照特定生产方式生产、经专门机构认定、许可使用绿色食品标志的无污染的樱桃及其加工产品。

可持续发展原则的要求是，生产的投入量和产出量保持平衡，既要满足当代人的需要，又要满足后代人同等发展的需要。

绿色农产品在生产方式上对农业以外的能源采取适当的限制，以更多地发挥生态功能的作用。

我国的绿色食品分为 A 级和 AA 级两种：AA 级绿色食品系指生产地的环境质量符合国家绿色食品产地环境质量标准的要求，生产过程中不使用化学合成的肥料、农药、兽药、饲料添加剂、食品添加剂和其他有害于环境和身体健康的物质，按有机生产方式生产，产品质量符合绿色食品产品标准，经专门机构认定，许可使用 AA 级绿色食品标志的产品。A 级绿色食品系指生产地的环境质量符合国家绿色食品产地环境质量标准的要求，生产过程中严格按照绿色食品生产资料使用准则和生产操作规程要求，限量使用限定的化学合成生产资料，产品质量符合绿色食品产品标准，经专门机构认定，许可使用A级绿色食品标志的产品。

其中A级绿色食品生产中允许限量使用化学合成生产资料，AA级绿色食品则较为严格地要求在生产过程中不使用化学合成的肥料、农药、兽药、饲料添加剂、食品添加剂和其他有害于环境和健康的物质。按照农业部发布的行业标准，AA级绿色食品等同于有机食品。

绿色樱桃产品与一般产品相比具有以下显著特点：①利用生态学的原理，强调产品出自良好的生态环境。②对产品实行“从土地到餐桌”全程质量控制。

与绿色樱桃生产有关的主要国家农业行业标准有：NY/T 391—2000 绿色食品 产地环境质量标准；NY/T 393—2013 绿色食品 农药使用准则；NY/T 394—2013 绿色食品 肥料使用准则；NY/T 658—2002 绿色食品 包装通用准则；NY/T 844—2004 绿色食品 温带水果。

☞14．樱桃有机标准生产有哪些标准？

有机标准是一种完全不用或基本不用人工合成的化肥、农药、生长调节剂和牲畜饲料添加剂的生产体系。有机农业在可行范围内尽量依靠作物轮作、秸秆、牲畜粪肥、豆科作物、绿肥、场外有机废料、含有矿物养分的矿石补偿养分，利用生物和人工技术防治病虫草害。

有机樱桃生产是指根据有机农业原则和有机农产品生产方式及标准生产、加工出来的，并通过有机食品认证机构认证的樱桃及加工产品。其目标是通过采用天然材料和与环境友好的农作方式，恢复生产系统物质能量的自然循环与平衡，并通过品种的选择、轮作、混作和间作的配合、水资源管理与栽培方式的应用，保护土壤资源，创造可持续发展的生产能力，创造人类与万物共享的生态环境。

有机农业的原则是，在农业能量的封闭循环状态下生产，全部过程都利用农业资源，而不是利用农业以外的能源（化肥、农药、生长调节剂和添加剂以及通过基因工程获得的生物及其产物等）影响和改变农业的能量循环。

有机农业生产方式是利用动物、植物、微生物和土壤 4 种生产因素的有效循环，不打破生物循环链的生产方式。

有机农产品是纯天然、无污染、安全营养的食品，也可称为“生态食品”。

有机樱桃生产主要有以下三个特点：

(1)在生产加工过程中禁止使用农药、化肥、激素等人工合成物质，并且不允许使用基因工程技术。

(2)在土地生产转型方面有严格规定。考虑到某些物质在环境中会残留相当一段时间，土地从生产其他农产品到生产有机农产品需要 2～3 年的转换期，而生产绿色农产品和无公害农产品则没有土地转换期的要求。

(3)在数量上须进行严格控制，要求定地块、定产量，其他农产品没有如此严格的要求。

国家环境保护总局于 2001 年 12 月 25 日发布了《有机食品技术规范》，2005 年 1 月 19 日，国家质量监督检验检疫总局和国家标准化管理委员会联合发布了国家标准《GB/T 19630.1～19630.4—2005 有机产品》，2005 年 4 月 1 日正式实施。但到目前为止，还没有专门针对有机樱桃生产的强制性国家标准或行业标准出台，所以目前的有机樱桃生产参照《GB/T 19630.1～19630.4—2005 有机产品》执行。

☞ 15. 无公害食品、绿色食品、有机食品之间有什么关系?

无公害食品、绿色食品和有机食品都是以环保、安全、健康为目标的食品,代表着未来食品发展的方向,三者从食品基地到生产,从加工到上市都有着严格的标准要求,都依法实行标志管理。

最重要的一个区别就是标准的要求,有机食品标准具有国际性,生产难度最大;无公害食品标准更适合我国当前的农业生产发展水平,对于多数生产者来说,比较容易达到。

有机食品更加注重生产过程,在其生产和加工中绝对禁止使用农药、化肥、激素、转基因等人工合成物质;无公害食品允许有限制地使用农药、化肥等人工合成的物质和转基因产品。

有机食品更强调环境的安全性,突出人类、自然与社会的持续和协调发展,从常规生产系统向有机生产转换需要一定时间的转换期,有机生产系统与非有机生产系统之间要有界限明显的过渡地带;无公害食品没有这些要求,标准中列出的有害物不超标就可以进行无公害生产。

有机食品是一类纯天然、完全没有污染的食品,价格最高,有着巨大的国际市场和潜在的国内市场,在国际市场上竞争力强;无公害食品允许存在有害物残留,只要不超过标准规定就可以使用无公害食品标志,更适合当前国内消费市场,还不能在国际上通行。

有机食品是世界各国普遍认同的,国际有机农业运动联合会(IFOAM)、欧洲联盟、美国及其他许多国家都有相应的有机食品标准,我国有机食品标准是严格与国外有机食品接轨的,我国的有机食品在国外基本上能够被认同;无公害食品标准是我们国家自己的农产品安全质量标准,无公害食品进入国际市场尚需进一步检验认证。

有机食品在我国由国家环境保护总局有机食品发展中心(OFDC)负责检查、认证;无公害食品由国家质量监督检验检疫总局负责检查、认证。

无公害标准生产的食品注重产品的安全质量,其标准要求不是很高,涉及的内容也不是很多,适合我国当前的农业生产发展水平和国内消费者的需求,对于多数生产者来说,达到这一要求不是很难。当代农产品生产需要由普通农产品发展到无公害农产品,再发展至绿色食品或有机食品,绿色食品跨接在无公害食品和有机食品之间,无公害食品是绿色食品发展的初级阶段,有机食品是质量更高的绿色食品。

绿色食品基本涵盖了有机食品和无公害食品。我国将绿色食品分为A级和AA级两个等级,AA级绿色食品兼容传统农艺技术和现代生物技术,与有机食品相对应,但不等同于有机食品。

绿色食品强调产品出自"最佳生态环境",有机食品认证要求只要经过几年不使用化肥农药等化学合成物质的过渡期,就可按有机食品出售。

绿色食品对每一个产品都要进行认证,有机食品只要农场或生产基地通过有机认证,该地块生产出来的所有产品都可以作为有机产品。

A级绿色食品与无公害食品相近,但标准涉及的内容较丰富,标准要求也比无公害食品多,例如,无公害食品环境标准只对大气、土壤、灌溉水的污染指标做了规定,而绿色食品标准还对土壤肥力做了要求,对灌溉水中的大肠杆菌菌群数量也做了规定。

绿色食品还特别强调产品的优质和营养的问题,有机食品和无公害食品未涉及这些。绿色食品是国内的称谓,并由中国绿色食品发展中心负责检查、认证。

☞16．如何申请无公害樱桃的认证证书？

农业部和中华人民共和国质量监督检验检疫总局 2002 年 4 月29 日发布了《无公害农产品管理办法》，对无公害农产品产地认定、产品认证及无公害农产品标志管理作出明确规定。

(1)无公害农产品产地认定

①申请无公害农产品产地认定的单位或个人(以下简称申请人)，应当向县级农业行政主管部门提交书面申请，书面申请应当包括以下内容：a. 申请人的姓名(名称)、地址、电话号码；b. 产地的区域范围、生产规模；c. 无公害农产品生产计划；d. 产地环境说明；e. 无公害农产品质量控制措施；f. 有关专业技术和管理人员的资质证明材料；g. 保证执行无公害农产品标准和规范的声明；h. 其他有关材料。

②县级农业行政主管部门自收到申请之日起在 10 个工作日内完成对申请材料的初审工作。申请材料初审不符合要求的，应当书面通知申请人。

③申请材料初审符合要求的，县级农业行政主管部门应当逐级将推荐意见和有关材料上报省级农业行政主管部门。

④省级农业行政主管部门自收到推荐意见和有关材料之日起，在 10 个工作日内完成对有关材料的审核工作，符合要求的，组织有关人员对产地环境、区域范围、生产规模、质量控制措施、生产计划等进行现场检查。现场检查不符合要求的，应当书面通知申请人。

⑤现场检查符合要求的，应当通知申请人委托具有资质资格的检测机构，对产地环境进行检测，检测结果出具产地环境检测报告。

⑥省级农业行政主管部门对材料审核、现场检查和产地环境检测结果符合要求的，应当自收到现场检查报告和产地环境检测

报告之日起，30 个工作日内颁发无公害农产品产地认证书，并报农业部和国家认证认可监督管理委员会备案。不符合要求的，应当书面通知申请人。

⑦无公害农产品产地认证书有效期为 3 年。期满需继续使用的，应当在有效期满 90 日前按照前述程序，重新办理。

(2)无公害农产品认证

①申请无公害产品认证的申请人，应当向认证机构提交书面申请，书面申请应当包括以下内容：a. ～g. 与前述无公害农产品产地认定书面申请 a. ～g. 项的内容相同；h. 无公害农产品产地认定证书；j. 生产过程记录档案；k. 认证机构要求提交的其他材料。

②认证机构自收到无公害农产品认证申请之日起，应当在 15 个工作日内完成对申请材料的审核。材料审核不符合要求的，应当书面通知申请人。

③材料审核符合要求的，认证机构可以根据需要派人对产地环境、区域范围、生产规模、质量控制措施、生产计划、标准和规范的执行情况等进行现场检查。现场检查不符合要求的，应当书面通知申请人。

④材料审核符合要求的，或者材料审核和现场检查都符合要求的，认证机构应当通知申请人委托具有资质资格的检测机构对产品进行检测，检测结果出具产品检测报告。

⑤认证机构对材料审核、现场检查(限于需要对现场进行检查时)和产品检测结果符合要求的，应当在 30 个工作日内颁发无公害产品认证书。不符合要求的，应当书面通知申请人。

⑥认证机构应当自颁发无公害农产品认证证书后 30 个工作日内，将其颁发的认证书副本同时报农业部和国家认证认可监督管理委员会备案，由农业部和国家认证认可监督委员会公告。

⑦无公害农产品认证书有效期为 3 年，期满需继续使用的，应当在有效期满 90 日前按照前述程序，重新办理。

☞17.如何申请绿色、有机樱桃的标准认证？

（1）绿色食品认证程序

①申请单位向省级绿色食品发展中心提出书面申请。

②省级绿色食品发展中心收到申请报告后，组织专人到实地进行考察，调查核实申请单位的原料基地的环境状况、产品生产过程中的质量控制情况，并写出考察报告。

③省级绿色食品发展中心委托省级以上计量认证的环境监测机构对申请产品的原料基地进行环境质量实地监测，并写出评价报告。

④监测合格的单位按要求认真填写中国绿色食品发展中心的《绿色食品标志使用申请书》和《企业及生产情况调查表》，连同产品注册商标文本复印件共一式二份，一并报送省级绿色食品发展中心。

⑤省级绿色食品发展中心对以上材料进行初审，然后将初审合格的材料上报中国绿色食品发展中心审核。

⑥中国绿色食品发展中心会同权威的环保机构，对申报材料进行审核。合格者由中心指定的食品监测机构对其申报产品进行抽样，并依据绿色食品质量和卫生标准进行检测；不合格者当年不再受理其申请。

⑦中国绿色食品发展中心对质量和卫生检测合格的产品进行综合审查（含实地核查），并与符合条件的申请人签订《绿色食品标志使用协议书》；同时，企业须按《绿色食品标志设计标准手册》要求，将带有绿色食品标准的包装方案报中国绿色食品发展中心审核，最后由农业部颁发绿色食品标志使用证书及编号，报国家工商行政管理总局备案，同时公告于众。

⑧绿色食品使用证书有效期为3年。在此期间，绿色食品生产企业须接受中国绿色食品发展中心委托的监测机构对其产品进

行抽检，并履行《绿色食品标志使用协议书》。期满后若欲继续使用绿色食品标志，须于期满前半年重新办理申请手续。

（2）有机食品认证程序

①申请者向国家环境保护局有机食品发展中心（OFDC）索取申请表。

②申请人将填好的申请表传回中心，中心根据申请表所反映的情况决定是否受理。若同意受理，则书面通知申请人。申请人向中心交纳申请费后，中心将全套调查表及有关资料寄给申请人。

③申请人将填好的调查表寄回中心，中心将对调查表进行审查，若未发现有明显违反有机食品颁证标准的行为，将与申请人签订审查协议。一旦协议生效，中心将派出检查员，对申请人的生产基地、加工厂及贸易情况等进行现场审查（包括采集样品）。

④检查员将现场检查情况写成正式报告送中心颁证委员会。

⑤颁证委员会定期召开会议，对检查员提交的检查报告及相关材料依照相关程序和规范进行评审，并写出评审意见。通常有以下几种不同的颁证结果：a. 同意颁证。发给“OFIX 有机农场证书”或“OFDC 有机加工证书”以及“OFDC 有机贸易证书”。b. 条件颁证。申请者的某些生产条件或管理措施需要改进，只有在申请者的这些生产条件或管理措施满足认证要求并经中心确认后，才能获得颁证。c. 不能获得颁证。生产者某些生产环节、管理措施不符合有机食品生产标准，不能通过中心认证。在此情况下，颁证委员会将书面通知申请人不能颁证的原因。d. 有机农场转换证书。如果申请人的生产基地是因为在一年前使用了禁用物质或生产管理措施尚未完全建立等原因而不能获得颁证，其他方面基本符合要求，并且打算以后完全按照有机农业方式进行生产和管理，则可颁发“有机农场转换证书”。

⑥给通过认证的有机生产、加工和贸易者颁发销售证书，并签订 OFDC 标志使用协议。

二、樱桃的种类、品种

☞18. 樱桃树的种类及大樱桃的品种是怎样划分的?

樱桃在植物分类学上属蔷薇科,李属(*Prunus* L.),樱桃亚属(*Cerasus*),120 多种,分布在北半球温带地区,大多集中在东亚,原产于中国的就有 76 种。现在,世界上作为栽培的樱桃仅有 4 种,即中国樱桃(*Prunus pseudocerasus* Lindl)、欧洲甜樱桃(*Prunus avium* L.)、欧洲酸樱桃(*Prunus cerasus* Ledeb.)和毛樱桃(*Prunus tomentosa* Thunb.)。现在的栽培品种多为欧洲甜樱桃、酸樱桃及其杂种,统称大樱桃,在中国栽培的品种一般为甜樱桃。大樱桃品种有 1 500 个以上,我国引进栽培的品种及新选育的品种亦在 100 个以上。根据生产的需要,大樱桃常有以下几种分类方法:

(1)根据颜色分为黄、红、紫三类。黄色樱桃,果面黄色,有时阳面有红晕,代表品种有那翁、佐藤锦、雷尼尔、巨红等;红色樱桃,果面鲜红,代表品种有芝罘红、红灯等;紫色樱桃,果面紫红以至深紫色,代表品种有大紫、拉宾斯、滨库等。实际生产当中,在着色条件好的情况下,黄色樱桃可能变为红色樱桃,红色樱桃也可能变为紫色樱桃,因此在美国一般只是分成深色樱桃和浅色樱桃。

(2)根据果肉硬度分为硬肉、软肉和半硬半软三类。硬肉品种肉质硬、脆,储运性好,适宜制罐,但常常容易裂果,代表品种有那翁、红丰等;软肉品种肉质软,储运性较差,但一般不裂果或裂果较轻,代表品种有大紫、黄玉等;半硬半软品种性状居中,代表品种有红灯等。

(3)根据果实成熟期分为早熟、中熟、晚熟三类。早熟品种的果实发育期(谢花至果实成熟)通常为30～40 d,代表品种有红灯、芝罘红、大紫等;中熟品种的果实发育期通常为40～50 d,代表品种有佐藤锦、那翁等;晚熟品种的果实发育期超过50 d,代表品种有晚红、拉宾斯等。

(4)根据果实大小进行分类。现在通常的做法是根据单果重分为特大型果(平均单果重大于10 g)、大型果(8～10 g)、中型果(6～8 g)、小型果(4～6 g)、极小型果(4 g以下)。

此外,根据生长特性可以分为紧凑型(短枝型)和普通型,紧凑型有紧凑型先锋、短枝斯坦勒等,而普通型则多数品种属之;根据开花结果特性还可分为自花结实品种,如斯坦勒、拉宾斯、斯塔克艳红等;异花结实品种,如塞曼登,滨库、佐藤锦等。

☞19. 中国樱桃的栽培品种有哪些?

(1)大鹰紫甘樱桃。又称大鹰嘴,产于安徽太和。树形直立,树势旺盛;果较大,卵圆形,先端有尖嘴;果柄细长,果皮较厚,易与果肉分离,完熟后的果为紫红色,鲜艳。果肉黄白色,汁多味甜,离核,品质优。5月上旬成熟,供鲜食。另有二鹰嘴品种,果形较小,为不正卵圆形,先端尖,果肉黄白色,汁多味甜,离核,品质上乘。

(2)金红樱桃。又称大笨,产于安徽太和。果球形或心脏形,顶端平或微尖,果皮金红色,肉厚致密,味甜,最适宜制蜜饯,成品色鲜透明,甚美。为目前优良的加工用品种,5月中旬成熟。

(3)垂丝樱桃。产于南京,为当地优良品种之一 。树势健壮,果大,平均单果重2.14 g,汁多味甜,肉质细腻;果色鲜艳,早熟,丰产。本品种因果柄细长而下垂,故称垂丝,品质极佳。因花期早,易遭霜冻。

(4)东塘樱桃。产于南京。树形高大,枝条直立,叶片色浓而厚。果实圆形,色泽鲜艳,品质略逊于垂丝樱桃,丰产,不抗寒,5 月上旬成熟。本品种为南京近郊栽培最普遍的品种。

(5)银珠樱桃。产于南京。树形小,枝细叶小。果实淡红色,故称银珠。果圆锥形,丰产,但果个小,品质差,5 月上旬成熟。本品种虽品质差,但因其花期晚,不易遭霜冻,植株较小,管理方便,当地栽培者较多。

(6)短柄樱桃。产于浙江诸暨。果大,扁圆球形,单果重 3.13 g,果肉细而多汁,甜酸适度,品质优,为中国樱桃中鲜食品质最佳者之一。因皮薄,不耐贮运。果柄短粗挺直,故名短柄樱桃,4 月下旬成熟。

(7)泰山樱桃。产于山东泰山。果实中大,心脏形;果皮红色,果肉橙黄色,甜酸适中。丰产,抗旱,5 月上旬成熟。

(8)短把大果。产于山东莱阳。果实中大,扁心脏形,色深红,果顶突出;果柄粗而短,品质中等,5 月中旬成熟。

(9)大窝楼叶。产于山东枣庄市,为当地优良品种。果实较大,平均单果重 2～2.5 g,圆球形或扁球形,暗紫红色,有光泽;果皮较厚,果肉淡黄微带红色,果汁中多,肉质较致密,离核,味甜有香气,品质优。5 月上旬成熟。本品种树势健壮,树姿较直立,以花束状果枝和短果枝结果为主,分株繁殖 2～3 年可结果,6～7 年进入盛果期,单株产量 50 kg 左右。喜微酸性沙质壤土,在黏重土或碱性土上生长不良,产量低。

(10)小窝楼叶。又称尖叶樱桃、小叶樱桃,产于山东枣庄市,为当地主栽品种之一。果实中等大,平均单果重 1.5 g,果实球形,紫红色,有光泽,果皮薄,肉黄色,果汁较少,味甜,离核。5 月上旬成熟。树势较弱,枝条开张,以中果枝结果为主,结果部位易外移,在修剪上应注意及时回缩。分株以后 2～3 年始结果,6～7 年后进入盛果期。成龄大树单株产量 50 kg 左右,较丰产。适应性强,较抗旱,耐瘠薄。

(11)滕县大红樱桃。产于山东枣庄市,为当地主栽品种。果实中等大,平均单果重1.5 g,成熟时橙红色,有光泽,果肉橙黄色,果汁中多,味甜微酸,有香气,黏核或半黏核,品质优。树势强健,树姿半开张。萌芽力强,一般除枝条基部1～2个芽不萌发外,其余各芽萌发均能成枝。因此,树冠茂密,潜伏芽萌发能力弱,内膛易空虚,要注意疏枝和及时回缩更新。分株后2～3年始结果,丰产,50年生大树株产100 kg左右。

(12)崂山短把红樱桃。产于山东青岛崂山县北宅、下葛一带,为当地主栽品种。果实较大,平均单果重2 g,果近圆球形,果尖不明显,果成熟时为深红色,完熟时紫红色;果柄粗短,果皮中厚,易剥离;果肉黄色,汁多,黏核,味甜,品质优。5月中旬成熟,成熟期不一致,需分批采收。树势强健,树姿半开张。萌芽力强,成枝力中等。以中短果枝结果为主,较耐瘠薄干旱,适宜山区坡地栽培。

(13)诸城黄樱桃。又称樱黄,产于山东诸城、五莲、日照等地。据当地反映,栽培历史已有300余年,为当地主栽品种。果实个大,平均单果重2.5 g。果实圆球形,橘黄色,阳面有红晕,有光泽,外形美观,果肉黄色微红,果汁多,甜酸适度,风味佳,品质优。果皮厚,果肉具弹性,较耐贮运。5月上中旬成熟,为鲜食优良品种。树势中等,半开张,分株后3～4年始结果,8～10年进入盛果期,较丰产,成龄树单株产20～40 kg,喜深厚土壤,对肥水条件要求较高,抗旱力差。

(14)莱阳矮樱桃。山东莱阳发现的矮生型中国樱桃优良品种,1991年定名为“矮樱桃”。该品种在山东莱阳5月下旬成熟,矮樱桃丰产性能好,枝条短粗,树体紧凑矮小,适宜矮化密植栽培。结果早,易早期丰产;果形端正,果个较大(1.73 g),外观艳明,果汁多,味香甜,品质佳,经济效益高。适应性及抗逆性强,容易栽培管理,受到生产者和消费者欢迎。

(15)费县黄樱桃。产于山东费县、临沂、莒南、沂水等地。果实黄色或橙黄色,向阳面有红晕。果个中等大,平均单果重 1.5 g,果实桃形或宽心脏形,顶部有突出直尖,皮极薄,果肉黄色,果汁特多,味甜微酸,离核,品质中等。5 月下旬成熟,极不耐贮运。

(16)对樱桃。产于北京海淀区,为地方良种。果实小,单果重 1 g 左右,椭圆形,果顶微尖,梗洼浅缝合线平,两边对称;果面鲜红色,完熟后紫红色,有光泽,味甜,品质中等。树势中等,树姿开张。萌芽率高,发枝力弱,细弱枝中有的顶芽不能萌发而枯干脱落,有的下部芽不萌发,仅顶芽微有伸长而成细弱枝。潜伏芽寿命较长,中长果枝结果为主,短果枝坐果率低。3～4 年生树开始结果,7～8 年生进入盛果期,盛果期时间较长,产量高。北京地区有 50～70 年生大树,结果仍然良好。抗寒力强,适应性较强,在土壤较深厚的沙壤上生长良好。

☞20. 酸樱桃的栽培品种有哪些?

(1)喜乐。果实大而整齐,圆形,单果重 5.5 g,果实紫红色或近黑色,果肉紫红色,细嫩多汁,酸甜可口,风味浓;果汁紫红色,鲜食品质极佳。花后果实 40～50 天成熟,果实除鲜食外,亦适宜加工点心。

植株健壮,冠圆锥形,枝条细,稀疏,耐寒、抗旱,以花束状果枝和 1 年生果枝结果。自花不实,嫁接苗栽后第三、四年开始结果,成龄树每 666.7 m^2 产果 91.5～1 100.0 kg。

(2)顽童。杂交种,果实大,整齐一致,单果重 5.5 g,扁圆形,浓紫红色或近黑色,果肉紫红色,细嫩多汁,酸甜爽口,鲜食品质佳。花后果实 50～55 天成熟,果实亦适宜加工。

植株健壮,冠圆形,枝中密,以花束状果枝和 1 年生果枝结果。嫁接苗栽后第二年年开始结果,连年丰产高产,成龄树每 666.7 m^2

产量1 253.34 kg。抗寒抗旱，抗细菌病害，具有广泛的适应性。

(3)梅特。杂交种，果实大，整齐，单果重 6～7 g，圆形至心脏形，紫红色；果肉紫红色，细嫩多汁，软肉，汁紫红色，酸甜爽口，鲜食品质佳。花后果实 50～55 d 成熟，适宜加工各类点心。

植株生长势中等，冠圆球形，枝中密，以花束状果枝和 1 年生果枝结果为主。部分自花结实，嫁接苗栽后第二、三年始果，成龄树每 666.7 m^2 产量 1 010.0 kg，抗寒抗旱，抗细菌性病害，具广泛的适应性。

(4)相约。果实特大，单果重 8～9 g，扁圆形，紫红色，果肉红色，细嫩多汁，软肉，酸甜适口，果汁红色，鲜食品质极佳。花后 50～60 d 果实成熟，适宜加工。

植株长势中庸，偏弱，10 年生树高 160 cm。以花束状果枝和 1 年生果枝结果，部分自花结实。嫁接苗栽后第二、三年始果，8 年生树株产 23.0 kg。抗旱、抗寒力中等。

(5)玩具。果实特大，单果重 8～10 g，圆形至心脏形，红色，过熟近黑色，果肉红色，致密，酸甜适口，多汁，鲜食品质佳。花后 55～60 d 果实成熟，适于鲜食和加工。

(6)美味。果实大，整齐，单果重 6～8 g，圆形，红色，果肉玫瑰红色，细嫩柔软，具葡萄甜味，汁液玫瑰红色，鲜食品质极佳。花后 60～65 d 果实成熟，适于加工各类点心。

植株健壮，冠圆形，枝中密，以长果枝和 1 年生果枝结果为主。嫁接苗栽后第三年开始结果，成龄树每 666.7 m^2 产量 640～710.0 kg。抗寒、抗旱力中等，对细菌性病害、褐腐病抗性中等。

(7)玻璃泡。1871 年由美国传教士 J. L. Nevius 引入山东烟台，是世界上广泛栽培的古老杂交种之一。果实扁圆形或近圆形，平均果重 3.3～4.0 g，紫红色，果皮薄，稍韧，有光泽，可透见果肉，故有玻璃泡、玻璃灯之称。果肉米黄色，肉质柔软，具肉质纤维，果汁多，风味甜酸爽口，果肉可食部分 90.8%。核小，近圆形，果实在6月中下旬成熟。除鲜食外,还可酿酒制酱。

萌芽力强,成枝力弱。以短枝结果和花束状果枝结果为主。适应性强,山丘地和沙地栽培生长结果良好。盛果期树一般株产50 kg,最高株产60 kg。在交通方便的山区可以适当发展,也可作为行道树和观赏树栽植。

(8)鸡心。原产英国维特色尔,已有160余年栽培历史。1920年前后由美国船员携至烟台。果实心脏形,顶部圆,稍扁。平均单果重4.7 g,缝合线极明显是本品种的主要特征。果皮浓紫色,薄而韧,果梗细而长,4.5~6.1 cm,果肉紫红色,肉质柔软,纤维多,果汁多,味甜微酸,风味美,果肉可食部分89.1%。可溶性固形物含量为14.5%,品质佳。6月中下旬果实成熟。半离核,核小。

萌芽力中等,成枝力弱,以花束状果枝结果为主,盛果期树平均株产30.0~40.0 kg,最高株产60.0 kg。适应性强,但在黏重土壤上发育不良。除鲜食外,还可酿酒,加工,在城市近郊及有加工条件的地区可适量发展。

(9)火球。是美国明尼苏达大学1952年用蒙特莫伦斯和苏联的维拉德米尔杂交培育而成,是一个极为抗寒的品种。果皮浅红色,果肉较硬,果实pH、可溶性固形物和可滴定酸比蒙特莫伦斯低。核为椭圆形,在机械去核时易产生碎渣而不适于商业化发展。火球是天然短枝型品种,比较丰产。70%的果实着生在2年生的短枝上,花芽密度(花芽/cm^2)、产果率(g/cm^2)和产量/分枝数比蒙特莫伦斯高,分枝数比蒙特莫伦斯少约4倍,所以总产量低于亲本。

(10)哈塔梅戈。为意大利有希望的品种之一,是由匈牙利引进的。果实中等大小,扁球形,果皮深红色。果肉深红,较硬,味酸。果汁颜色不浓,含糖量中等偏高。适于加工果汁和机械采收,比蒙特莫伦斯早熟4 d。树势中庸偏旺,花期中晚,丰产。

(11)开斯利·奥绕西。由匈牙利选育而成。果实大而圆，晚熟，树高中等，适于机械采收，自花可育，对核果褐腐病菌具有抗性。

(12)马拉斯卡。意大利品种。果实中等大小，扁球形，果皮红色，果肉黄白色，较硬、果汁略酸，适于工业加工(糖水樱桃)。

树势中等，开张，花期中晚，产量较高，不适于机械采收，成熟期比蒙特莫伦斯提早 5 d。

(13)蒙特莫伦斯。原产法国蒙特莫伦斯流域孟马兰的一个老品种。在美国第一次有关蒙特莫伦斯樱桃的记载是在 1832 年，目前是美国最主要的酸樱桃品种，占总产量的 99%，其收获量的 75% 集中在密执安州。果实中等大小，单果重 6.1 g，直径 2 cm 左右，扁球形，果皮鲜红色。果肉较硬，黄白色。果汁清纯，略酸，糖度中等。可溶性固形物含量 11%，风味好，耐贮藏。果核小、圆。具有良好的工业加工的质量指标，可加工成糖水樱桃、樱桃馅饼等。

树势中庸。树姿垂直向上，分枝较多，需修剪成开张树冠，以便通风透光。花期中晚，68% 的果实着生在 1 年生枝条上，为部分自花结实的品种。坐果率在 20.1%～35.4%，结果早，丰产。比那翁品种晚熟 10 d。对真菌病、病毒病害较敏感，在春寒时常受到伤害。

(14)毛把酸。1871 年由美国 J. L. Nevius 引入山东烟台，是我国的酸樱桃主栽品种之一。果实小，圆球形或扁圆形，平均果重 2.5～2.9 g，果皮浓紫红色，具有蜡状光泽。果肉柔嫩多汁，酸甜，品质中上等，成熟期在 6 月上旬，核小，离核。果柄基部常有苞片或小叶状，为其典型特征。适应性强，抗寒抗旱，耐瘠薄，易繁殖，花期晚，不易受晚霜危害，生产中可作为甜樱桃的授粉树或砧木。

(15)英国毛里拉。原产荷兰或德国。果实小，短心脏形，顶端圆钝，微凹陷，果梗细，长约 3 cm。果皮紫黑色，斑点小而多，暗锈色，果皮薄而柔软易剥离。果肉深红色，果肉暗红色，肉质柔软多汁，微有苦味，品质在酸樱桃中可称佳品。离核，核小，带红色，在华北7月中下旬成熟。树体小，枝开张，先端下垂，树冠圆形。

(16)帕拉斯特·梅戈。属意大利有希望的品种，由匈牙利引进。果小，扁球形，果皮深红色，果肉鲜红，较硬，味略酸，果汁糖分中等，较酸。适于各种工业加工(果汁、酿酒)。树势较旺盛，树冠较高，花期适中，产量一般，比蒙特莫伦斯早熟8 d，适于机械采收。

(17)夏特毛里拉。是德国最重要的酸樱桃品种，产量和果实质量均优于其他很多品种。果实中等大小，扁球形。果皮红色，成熟后深红色，果肉红色，较硬，略酸，适宜加工成果酱和果汁。

树势中庸，树冠趋于圆球形，花期晚，高产，成熟期比蒙特莫伦斯晚3 d。极易感染果腐病，不太适于机械采收，可以自花授粉结果，坐果率在20.1%～35.4%，自花授粉坐果率达50.4%。

(18)斯塔克。该品种不带樱桃黄矮病毒和环斑坏死病毒。树冠比普通利蒙特莫伦斯略小，适于机械采收。早熟性、丰产性均比蒙特莫伦斯好，其他特点与其相似，自花结果。

(19)西甘尼梅戈59。是意大利有希望的品种之一，引自匈牙利。果实小，扁球形，果皮深红，果肉红色，较硬，果汁颜色很深，糖度中等偏高，酸度大。成熟比蒙特莫伦斯晚6 d。

(20)维西奥拉。属意大利有希望的地方品种之一。果实大小中等，扁球形，果皮红色，果肉黄色，较硬，味略酸，果汁无色。树势较旺盛，较高。花期晚，产量中等，不适于机械采收，比蒙特莫伦斯早熟4 d。

(21)银河。红色酸樱桃品种，成熟期比那翁晚10 d，美国密执安州西南部7月上中旬采收。果实大小、形状、品质、加工性状、花期、成熟期与蒙特莫伦斯相似。最大特点是树姿开张。

(22)4/12/11/77酸樱桃品系。由南斯拉夫培育而成，是凯勒瑞斯14×瑞克塞勒的后代，自交能育品系。单果平均重4.67 g，核重 0.39 g。果皮深红色，风味好，可溶性固形物 17.6%。树势中庸，产量相当高，抗樱桃叶穿孔盘菌核菌和菌核病菌的危害。

(23)早熟克·奥绕西。由匈牙利育成。果实大，质量好，可自花授粉，适于机械采收，能抗核果褐腐病菌的侵害。

☞ 21. 杂种樱桃的栽培品种有哪些？

(1)盼迪。甜樱桃和酸樱桃间的天然杂交种(四倍体)。果实大，单果重 7～8 g，味美，果肉红色，酸度明显低于蒙特莫伦斯，一般作为鲜果食用。树势强健，叶片中等大小，2～4 年生树开始结果。自花不育，酸樱桃 Cigany、甜樱桃 Bigarreau 和 Germersdorfi 是其授粉树。花期不抗寒，在遗传上非常接近 Duke cheries 或 Anglaises，是匈牙利栽培最多的一个种群。

(2)迪珠比利。1978—1979 年由匈牙利选出的早熟品种。果皮黑色，肉质致密，含糖量较高，适于鲜食、贮藏、制糖果、速冻冷藏等。

(3)迪博特莫。1978—1979 年在匈牙利由盼迪种类中选育而成。果实中等大小，扁球形。果皮鲜红，果肉橘黄色，较硬，风味酸甜，非常鲜美。果汁色较浅，糖度中等，酸度一般，较早熟，高产，可作鲜食和加工用。适于机械采收。

(4)西甘内。是欧洲甜樱桃与草樱桃杂交而成的一个老种群。树体紧凑、开张，自花可育，并宜于机械收获。8～10 年生树一般单产 40 kg 左右。果肉和果汁的颜色很鲜艳，果实适于加工果汁和果酒。是盼迪的优良授粉树，在匈牙利有一定的种植面积(约 20%)。

(5)尔套斯。1978—1979 年由匈牙利选育而成，自花可育，是盼迪的自花可育型，果实稍小，并成串在枝条上，无果柄，能机械采收，较晚熟。

(6)玛瑙。19 世纪在法国育成,味甜酸,大樱桃杂交中最优良的品种之一。果实大,长圆形或长卵圆形,果顶圆而顶点有小凹陷,果柄细,长约 4 cm,果皮暗红色,柔软,易剥离,果肉灰黄色,肉质柔软,酸味较少,果汁无色,核稍大,长圆形,扁平,在河北 6 月上旬成熟。树冠中大,树姿开张,丰产性一般。

☞22. 大樱桃的栽培品种有哪些?

(1)大地红。2000 年由大连市农业科学院王逢寿先生自日本引入,高接换头于山东莱阳市吕格庄镇的红灯大樱桃园中,进行试验观察。果实为鲜红色,短心脏形至扁圆形,果个中大,平均单果重 7 g 以上,果肉硬,烟台成熟期在 5 月中旬。核小,果色为浓红色至紫红色。成熟极早,比红灯早熟 7～10 d,果实可溶性固形物含量 19%,口感浓甜。树姿较为开张,成花易,花芽着生较多,坐果率高,表现出良好的早果性。

(2)冰糖樱。东根市藤助新田发现的实生大果早熟品种由日本引入山东莱阳市吕格庄镇的红灯大樱桃园,果实心脏形,果个大,平均果个在 8 g 以上,最大 13 g,果实黄白色,皮颜色黄底红晕,硬肉,多汁,果实可溶性固形物含量可达 25% 以上,味极甜,口感好。短柄,6 月上旬成熟,成熟期似红灯,成熟后在树上挂果时间长,不掉柄,不变软。

(3)早丰王。在福山区张格庄镇发现的红灯芽变,果实肾脏形,果柄粗短,平均单果重 9 g;果皮红色,果肉硬、多汁,可溶性固形物 17.0%,果实发育期 38 d 左右,5 月中下旬成熟,抗裂果,抗畸形果,抗霜冻,比红灯盛花期早 2 d、成熟期早熟 5～7 d,连年丰产稳产,盛果期单株产量连年稳定在 150～200 kg,最高株产可达 260 kg。

(4)黑珍珠。由烟台市农科院选育,来源为萨姆(Sam)芽变,

1999 年选出，2010 年通过山东省农作物品种审定委员会审定。黑珍珠属中晚熟品种，果实肾形，果柄中短，平均单果重 9.0 g，最大 16.0 g；刚成熟时鲜红色果皮紫黑色，果肉深红色，果肉脆硬、味甜，可溶性固形物含量 17.5%，耐贮运；在烟台 6 月中旬果实成熟。成熟期一致；花期耐低温，抗霜冻，自花结实率高，极丰产。产量超过拉宾斯，丰产树果实的横径、纵径分别为 2.76 cm、2.41 cm，柄长 3.05 cm。

(5)萨米脱(Summit)。也称萨米特，加拿大 Summerland 实验站选育，亲本为先锋(Van)×萨姆(Sam)，1986 年推出，1989 年烟台市农科院引入烟台。

中晚熟品种，果实长心脏形，果柄中长，果柄中长，平均 3.54 cm，果实极大，果实横径、纵径分别为 2.82 cm、2.41 cm。果柄中长，平均 3.54 cm，平均单果重 11～13 g，最大 18 g；果皮红色至粉红色，有光泽，肉质较硬，皮薄，风味浓，品质佳，可溶性固形物含量 18.5%，果实可食率 93.7%。在烟台 6 月中下旬成熟，成熟期一致，较抗裂果。抗霜冻；成熟期集中，一次即可采收完毕。幼树生长旺盛，丰产性好，裂果轻。

树势强健，幼树生长较直立，盛果期树冠逐渐开张，易成花，丰产、稳产，自花结实能力强，果实耐储运，有较强的抗寒性，无病毒病。

(6)砂蜜豆。烟台农科院选育的最有前途的中晚熟品种，成熟期一致，果实心脏形。缝合线明显，靠果尖处果面凹陷。个大，单果重 11～12 g，最大果重 18 g，味甜，果柄中短，节间短，枝粗壮，有短枝型性状，适合密植，白花结实率高(类似拉宾斯)，结果早，结果成串，极丰产，稳产。丰产树不容易抽长条，树势易衰弱，喜大肥水(与大连砂蜜豆不同，大连砂蜜豆长势旺)连续 8 年无裂果现象；自花结实率高，3 年结果，每 666.7 m^2 产 150 kg 左右，5 年可达 1 000 kg，收购价 24～30 元/kg；带有短枝性状，也称短枝型砂蜜豆，其果形、果柄、生长势、叶片、裂果性与萨米脱不一样。砂蜜豆嫁接在大青叶砧木上，其成活率和伤口愈合程度不及美早，其长势也不如美早，当年培育一级苗较难。

(7)美早(Tieton)。由美国华盛顿州立大学普罗斯(Prosser)灌溉农业研究中心托马斯推出，亲本为斯太拉(Stella)×早布莱特(Early Burlat)，1971 年杂交，1998 年定名 Tieton 并推出；果实阔心脏形，果柄粗短，平均果重 11.3 g，最大果重 13.2 g，果实紫红色或紫黑色，有光泽，极艳丽美观。果肉浅黄色，质脆，酸甜适口，风味佳，品质优，可溶性固形物 17.6%，果实肉硬较耐储运。在大连地区 4 月中下旬开花，果实 6 月上旬成熟，比红灯晚熟 2～3 d，但成熟期一致性。盛果期以短果枝和花束状果枝结果，较丰产，抗病、抗寒性强树势强健，树姿半开张，幼树以中长果枝结果为主，花芽大，易成花，盛果期以短果枝和花束状果枝结果，较丰产，抗病、抗寒性强。

(8)早生凡(Early Compact Van)。由加拿大 Summerland 实验站选育，曾译名‘早生紧凑型凡’，1989 年烟台市农科院引入烟台，早熟品种，果实肾形，类似红灯，比红灯早熟 3～4 d，成熟期一致，单果重 9 g 左右；果柄短，长 2.7 cm；果皮鲜红色至深红色，果肉、果汁粉红色，果肉硬，可溶性固形物含量 17.1%。在烟台，5 月下旬成熟，较红灯早熟 2～3 d，成熟期一致。口感好；结果早，丰产性好，耐贮运，高产，稳产，抗逆性好。

(9)布鲁克斯(Brooks)。由美国加州大学选育，杂交亲本为雷尼(Ranier)×早布莱特(Early Burlat)，1994 年引入山东。布鲁克斯属早熟品种，果实近圆形，单果重 8～10 g，果柄粗短，长 2.68 cm；果实鲜红至暗红色，果色艳丽，果肉硬脆、甘甜，可溶性固形物 21.5%，是早熟品种中口感最理想的，果柄短，采收期与红灯相近品质极佳。

(10)斯帕克里。加拿大中晚熟品种，山东烟台市区 6 月中下旬成熟，比砂蜜豆略晚。果实圆形，缝合线凹陷，果柄短，果肉硬、脆，味甜，口感好，果色鲜红，单果重 10 g 左右，比砂蜜豆略小，不裂果，熟期一致，结果早，结果成串，极丰产，每 666.7 m^2 产量 1 000～2 000 kg，耐瘠薄，耐储运，适合密植，喜大肥水。

(11)艳阳(Sunburst)。1965 年加拿大夏地农业研究所用先锋和斯坦拉杂交育成。1989 年烟台市农科院引入烟台，中晚熟品种果实特大，平均单果重 13 g 左右，最大果实可达 22.5 g，果实圆形。果柄长度适中，中粗。果皮黑红色，具光泽。果肉味甜多汁，可溶性固形物含量 17.3%，酸度低，质地较软，品质优，甜酸爽口。耐贮运，果实发育期 70～80 d，成熟期比拉宾斯早 4～5 d。遇雨有裂果现象，自花结实能力强，果实耐储运，有较强的抗寒性。

(12)明珠。大连市农科院杂交培育的早熟、大果型、黄色优良品种，亲本为那翁(Napoleon)×早丰；平均单果重 12.3 g，可溶性固形物含量 20.5%；成熟期与红灯相近。

(13)甜心(Sweet heart)。由加拿大夏地农业研究所用先锋和新星(New star)杂交育成，原代号 15S-22-8，1994 年开始推广，是一个优良的极晚熟品种。1997 年引入山东。果实圆形至心脏形大型果，平均单果重 9.3 g 左右。果皮红色。梗洼中浅，中宽，果皮有光泽，较厚，果肉黄色，肥厚多汁，硬脆，甜味适口，可溶性固形物含量 18.8%，品质中上等。果核近圆形，较小，平均核重 0.35 g，果实可食率达 95%，抗裂果，品质优。在加拿大夏地比先锋晚熟 20 d。树形紧凑，树势中庸，早实性强，自花结实，坐果率高。在相同砧木条件下，树体大小仅为拉宾斯的 60%。萌芽力强，成枝力中等。1 年生枝甩放后，极易形成花束状果枝，成龄树以短果枝和花束状果枝结果为主。能自花结实，未发现采前落果，抗霜冻能力中上，未发现有抽条等冻害现象。

(14)红手球。1980 年日本山形县立园艺试验场杂交育成，亲本是佐藤锦和滨库，2000 年命名并在日本农林水产省登记。极晚熟品种果实短心脏形或扁圆形，平均单果重 10 g 以上，可溶性固形物含量10％以上，酸味适度，口感浓厚。成熟期在6月下旬，果肉最初乳白色，后期乳黄色，质脆，肉肥厚、汁多，甜酸适口(未成熟食之有苦味)。品质上等。果实初熟时，底色淡黄，全面着鲜红色，充分成熟后为暗浓红色，果皮薄，外观鲜艳，美观，果实平均含糖量 21.56％，最高 24.6％。果核半离核，小，圆形，果柄长 2.96 cm，耐贮运。抗流胶能力强。在1年生长期间不加以任何修剪技术，枝条可萌发2～3次枝，成花早，当年生枝可成花。

(15)红灯。大连市农科院 1973 年育成的一个甜樱桃品种。其杂交亲本为那翁×黄玉。是我国一个主栽、优良早熟品种。

果实大型，平均单果重 9.6 g，最大果达 12 g；果实肾脏形，果梗粗短；果皮红至紫红色，富光泽，色泽艳丽，外形美观；果肉淡黄、半软、汁多，味甜酸适口，果肉肥厚，可溶性固形物多为 14％～15％，可溶性糖 14.48％，维生素 C 为 16.89 mg/100 g，干物重 20.09％；核小、半离核，可食部分达 92.9％。成熟期较早，继大紫采收的后期开始采收，山东半岛5月底至6月上旬成熟，鲁中南地区5月下旬成熟。果实发育期 45 d 左右，采收前遇雨易裂果，特殊年份畸形果现象较重，易受机械损伤。

树势强健，幼树期直立性强，成龄树半开张，1～2年生枝直立粗壮，进入结果期较晚，盛果期后，产量较高，萌芽率高，成枝力强，外围新梢中短截后平均发长枝4或5个，中下部花芽萌发后多形成叶丛枝，但幼树当年的叶丛枝不易成花，随着树龄的增长转化为花束状短果枝，由于其生长发育特性较旺，一般4年结果，初果年限较长，到盛果期以后，大量形成花束状短果枝，这时生长和结果趋于稳定，结实率在 60％以上，叶片特大，椭圆形，较宽，长 17 cm，宽 9 cm，叶质厚，深绿色，在新梢上呈下垂状着生是其典型特征，适宜的授粉品种有大紫、巨红、那翁、滨库、红蜜等。

该品种果实个大，色泽艳丽，果肉肥厚，多汁味甜，成熟期较早，较耐储运，市场竞争力强，颇受果农及消费者欢迎。唯皮薄易受机械损伤等是其缺点。采前遇雨有轻微裂果，采果前要注意水浇条件。

(16)早大果。乌克兰农科院灌溉园艺研究所用白拿破仑×瓦列利、热布列、艾里顿的混合花粉杂交育成，是山东省果树所从乌克兰引进的大果型早熟优良新品种。比红灯早熟 3～5 d。果个较红灯大，平均单果重 11.3 g，果个比较整齐。果色艳丽美观，果实初熟期果面着鲜红色，逐渐变为紫红色，8～10 d 变为紫黑色。果面蜡质层厚，晶莹光亮有透明感。果实阔心脏形，缝合线紫黑色，果顶下处有一明显隆起。梗洼较浅、中广。果柄中长、中粗。果肉紫红色。果皮较厚，果肉较软，黏核，汁多味美，酸甜可口，可溶性固形物 16.8%，品质上等。果实生育期为 32～35 d，成熟时间也较一致，极少有双子果现象，优质商品果率较高。

成熟后在树上可挂果 15 d，硬度不变。采收过晚时果实紫红色，表面光泽度不好。树冠开张，枝条细软，新梢基部斜上方向至水平方向生长，有些新梢前端呈斜下方向生长，有利于整形修剪，是区别于其他品种的重要特性。叶片长椭圆形，较厚，叶色深绿，锯齿较钝，先端锐尖。容易成花，结果早而丰产。夏季高接的树，翌年即形成花芽，第三年开始大量结果。对冻害的抗性较强。在同一园中，花期较红灯晚 4～5 d，而果实成熟期却比红灯早 4～6 d，果实生育期为 32～35 d。适合于在早春温度高的地方或保护地栽培。

栽培中应注意选用开花晚的品种作授粉树，如友谊、胜利等。果个比较整齐，成熟时间也较一致，极少有双子果现象，优质商品果率较高。成熟后在树上可挂果 15 d，硬度不变。采收过晚时果实紫红色，表面光泽度不好。

(17)拉宾斯(Lapins)。加拿大 Summerland 实验站选育的自花结实品种，亲本为先锋(Van)×斯坦勒(Stella)，为加拿大重点推广品种之一，1988 年烟台农科院引入。

果实近圆形或卵圆形，平均单果重 8 g，加拿大报道平均单果重 11.5 g；果梗中长、中粗，不易萎蔫；果皮厚而韧，紫红色；果肉硬脆，含可溶性固形物 16%。高抗裂果、耐寒。风味佳，品质上等，晚熟，在烟台 6 月中下旬成熟，较耐储运。并可作为其他品种的授粉树，裂果轻。

树势强健，树姿较直立，耐寒，自花结实，并可作为其他品种的授粉树。早果性和丰产性较好，裂果轻，可进一步扩大试栽。

(18)雷尼 (Rainier)。是美国华盛顿州农业实验站和农业部 1960 年共同开发的黄色中熟品种，杂交组合是滨库×先锋，名称是以产地华盛顿州海拔 4 500 m 的雷尼山的名称命名的，1983 年由中国农业科学院郑州果树研究所从美国引入我国，1984 年引入山东果树研究所试栽，1985 年传到烟台。

果实大型，平均单果重 8～9 g，最大果达 12 g；果实心脏形；果皮底色黄色，覆鲜红色红晕，在光照好的部位可全面红色，艳丽美观，果肉无色，质地较硬，可溶性固形物含量高，可溶性固形物含量 19.5%，风味好，品质佳；离核，核小，可食部分达 93%。抗裂果，耐储运，生食加工皆宜。在山东半岛 6 月上中旬成熟，是一个丰产优质的优良品种，鲜食加工兼用，具有很大的发展潜力。

树势强健，枝条粗壮，节间短，树冠紧凑，以短果枝结果为主，早果丰产，栽后 3 年结果，5～6 年进入盛果期，5 年生树株产 20 kg，花粉多，是滨库的良好授粉品种。

(19)佐藤锦。日本大正元年由山行县东根市的佐藤荣助用黄玉×那翁育成。1928 年中岛天香园命名为佐藤锦，1986 年烟台、威海引进栽培，表现丰产、质优，正在扩大栽培。

果实中大，平均单果重 6.7 g，短心脏形，果皮底色黄色，上着红晕，光泽美丽。果肉白中带鲜黄色，肉厚，核小，可溶性固形物含量达 18%，酸甜适口，口感好，品质上等，在山东烟台 6 月上旬成熟，比那翁早熟 5 d，丰产，鲜食品质最佳。在日本被认为是最有竞争力的鲜食品种，佐藤锦适应性强，在山丘地沙质壤土和沙壤土栽培，生长结果良好，但我国引种试栽，认为颜色和成熟期不够理想。

(20)黑砂糖锦。在佐藤锦的枝变株系中发现的一个浓红色品种。因果实如黑砂糖一样浓甜，故名黑砂糖锦。平均单果重 10 g 左右，果形同佐藤锦，但着色好，全果紫红色，果肉比佐藤锦稍硬，近成熟不软化。比佐藤锦糖度高，可达 25%。采收期与佐藤锦同期成熟，但采收时间较长。

(21)红秀峰。1978 年由山形县立园艺试验场以佐藤锦和天香锦杂交育成的品种。1991 年进行了新品种登记。果实扁圆形，平均单果重 8～9 g。果肉黄白色，肉质硬，在树上的挂果时间长。可溶性固形物含量 20% 左右，6 月中下旬开始采收。

(22)明月。由那翁、佐藤锦和拿破仑混栽园所采的种子，经实生繁殖选育而成，果实心脏形。平均单果重 11～12 g。果皮红色，具红黄色斑。果肉乳白色，硬度中等，甜味中等，酸味少。果核周围无着色。6 月上中旬采收。

(23)大将锦。山形县加藤勇在佐在藤锦、那翁、高砂等混栽园里偶然发现的实生单株。1990 年登记。果实短心脏形，平均单果重 10 g。果肉硬，果汁多，甜味多，酸味少。采收期 6 月底或 7 月初，为晚熟品种。

(24)南阳。日本山形县农业实验场以那翁品种为母本的实生苗中选育的新品种。1979 年该品种正式登记。

果实短心脏形。平均单果重 8～10 g。缝合线明显，果皮黄色，阳面红色，外观美丽，果肉脆而多汁，含糖量 14%～16%，含酸量 0.55%～0.60%，口味醇厚、适口，品质极优，采收期在盛花后 55 d。但易裂果。

(25)秦林(Chelan)。华盛顿州大学普罗斯灌溉农业研究中心托马斯等 1991 年推出。亲本为斯得拉×Beaulieu；果实中大或大，圆形至心脏形，果柄中长；果皮暗红褐色，光亮；果肉硬度大，暗红色;抗裂果;成熟期在 6 月上旬。

(26)桑蒂娜(Santina)。加拿大夏地太平洋农业食品研究中心拉宾斯等 1996 年推出。亲本为斯太拉(Stella)×萨米脱(Summit),1973 年杂交,1981 年选出;试验编号 13S-5-22。果实中大,卵圆形,果柄中长,果皮黑色,果肉硬,味甜,品质中上等;较抗裂果;早熟,较先锋早 8 d。自花结实,始花期较先锋晚 1 d;较丰产。

(27)先锋。译名凡,由加拿大哥伦比亚省育成。在欧、美、亚洲各国均有栽培,1989 年烟台市农科院引入中国。

果实大型,平均单果重 8.6 g,最大果重 10.5 g,果实肾脏形,紫红色,光泽艳丽,缝合线明显,果梗短、粗为其明显的特征。果皮厚而韧,果肉玫瑰红色,肉质脆硬,肥厚,汁多,酸甜可口,可溶性固形物含量 17%～19%,风味好,品质佳,可食率达 92.1%,核小,圆形,在烟台 6 月中旬成熟,耐贮运。其早果性、丰产性好,花粉量较多,也是一个极好的授粉品种,树势强健,枝条粗壮。适宜的授粉树是滨库、那翁、雷尼,先锋花粉量较多,也是一个极好的授粉品种,经多点试栽,其早果性、丰产性甚好,且果个大,耐贮运,抗裂果,可进一步扩大试栽。

(28)宾库(Bing)。原产于美国俄勒冈州,为 Republican 的自然杂交种,有 100 余年的栽培历史,是美国、加拿大的主栽品种之一。1982 年山东外贸从加拿大引入中国,1983 年,中国农业科学院郑州果树所又从美国引入试栽。

果实大型,平均单果重 7.2 g;果实心脏形,梗洼宽、深,果顶平,近梗洼处缝合线侧有短深沟,果梗粗短;果皮浓红色至紫红色,外形美观,果皮厚;果肉粉红,质地脆硬,汁多,淡红色;半离核,核小,酸甜适度,品质上等,在烟台 6 月中下旬,果实丰产、稳产性好,耐储运,采前遇雨有裂果现象。树势强健,枝条粗壮、直立,树冠大,树姿较开张,花束状结果枝占多数,叶片大,倒卵状椭圆形。丰产,优质,适应性较强,较耐储运,晚熟优良品种。

(29)斯坦勒(Stella)。为加拿大夏地农业研究所育成的第一个自花结实的甜樱桃品种,果实大或中大,平均单果重7.1~9 g,大果10.2 g,果实心脏形;果梗中长;果皮紫红色,光泽艳丽,果肉淡红色,质地致密,汁多,甜酸适口,风味佳;含可溶性固形物10%~17%,果皮厚而韧,可食率为91%,核中大,卵圆形;耐储运树势强健,能自花结实,花粉多,是良好的授粉品种。早果性、丰产性均佳,抗裂果,在烟台6月中旬成熟。树势强健,能自花结实,花粉多,是良好的授粉品种。早果性、丰产性均佳,抗裂果,可进一步扩大试栽。

(30)巨红(13~18)。大连市农业科学研究所用亲本那翁×黄玉杂交育成,果实大,平均果重10.25 g,果实阔心脏形。阳面有鲜红色晕和明显的斑点,外观鲜艳有光泽,果肉浅黄色,质密较脆,肥厚多汁,口味酸甜爽口,可食率93.12%,可溶性固形物19.1%,干物质1 9.82%,总糖13.39%,维生素C 10.75 mg/100 g,总酸0.27%,单宁0.082%,果核卵圆形,中大,黏核,较耐储运。

树势强健,生长旺盛,幼树期多直立生长,盛果期逐渐开张,萌芽力高,成枝力强,枝条粗壮,早实性好,一般定植后第三年可见果,花芽大而饱满,一个花序可开1~4朵花,在原产地,4月中旬开花,6月底果实成熟,果实发育期60~70 d,适宜的授粉树以红灯和佳红为最好。

该品种适应性较强,栽植范围广,陕西省西安市,辽宁省瓦房店地区,苏北、安徽及四川高海拔地区均可栽植,在沿海地区,有的年份易出现裂果现象。

(31)水晶(Governor Wood)。1842年由美国克利夫兰(Cleveland)、柯特兰(J. P. Kirtland)育成,果实小,平均单果重3.7 g,最大可达5 g。果形宽心脏形,形状端正,果顶宽平圆。果梗细长。果皮薄而柔软,易剥离,有透明感,乳黄色,成熟后为深黄色,果实向阳面具鲜红色晕,果点细而多,淡红色。果肉淡黄色、软，果汁较多，味极甜。果核为圆形，面光滑，小，黏核。6 月上旬成熟。

(32)早红宝石。乌克兰农业科学院灌溉园艺科学研究所用法兰西斯与早熟马尔齐杂交育成的早熟品种。果实平均单果重 5～6 g，宽心脏形。果梗较粗，易与果枝分离。果皮、果肉暗红色，柔嫩、多汁，果汁红色，味纯，酸甜适口。果皮细薄，易剥离，果点玫瑰红色，果核小，离核。鲜食品质中等。果实发育期 27～30 d。极早熟品种植株生长强健，抗寒抗旱，以花束状果枝和 1 年生果枝结果，嫁接苗栽后第三、四年开始结果。成龄树每 666.7 m^2 产量达 1 060 kg 以上。

(33)秀雅锦(Shuga Nishiki)。日本山形县东根市元藤庄太氏用高社锦×佐藤锦杂交选育的新品种，果实中大，平均单果重 7～10 g，短心脏形。果皮底色黄色，着鲜红晕，有光泽。果肉乳白色，软，果汁多，甜味浓，酸味少，作为早熟品种品质良好。比红灯晚 3～5 d。

(34)乌梅极早。系乌克兰农业科学院灌溉园艺科学研究所用法兰西·约瑟夫与早熟马尔齐杂交育成的早熟品种。

果实平均单果重 6～7 g，圆形至心脏形。果梗长，易与果枝分离。果皮红色，细薄、紧密，易剥皮，完熟后变暗红色。果肉鲜红色带白色条纹，柔嫩多汁，半软。细嫩爽口，具有葡萄型甜味，果汁玫瑰色，味酸甜。果核中大，圆形，离核鲜食品质上等。果实发育期 28～32 d。极早熟品种。植株生长健壮，抗寒抗旱，以花束状果枝和 1 年生果枝结果。嫁接苗栽后第三、四年开始结果，成龄树每 666.7 m^2 产量达 900 kg 左右。

(35)正光锦(Seiko nishiki)。福岛县伊达郡佐藤正光氏从香夏锦的自然实生苗中发现的偶然实生种，1987 年取得日本农林水产省新品种注册。

果实中大，平均单果重 7.4 g 左右，短心脏形。果皮红色，有红晕。果肉比香夏锦稍硬，暗红色。果汁少，含糖量达到16%，果甘甜味美，品质优于香夏锦。在威海6月上旬成熟，比红灯品种晚5 d左右。

(36)高砂(Kockport)。又名伊达锦、玉大锦、日大锦。原产美国俄亥俄州的克利夫兰，是由黄西班牙(Yellow Spanish)的实生苗中选育的一个中熟品种，经日本引入大连。

果实中大，单果重6～7 g，疏果后可达10 g，长心脏形或圆锥形。果皮薄，光亮而柔软，底色黄，上有浅红色晕，外观美丽，斑点多而小，不明显。果肉黄白，多汁，果汁无色。风味酸甜，可溶性固形物含量16.5%，含糖量11.5%，品质优良。核大，半离核，可食部分66.5%。在烟台6月上旬成熟。

(37)佳红(3～4)。1974年大连市农科院以滨库与香蕉为亲本杂交育成。果实个大，平均单果重9.67 g，最大果重11.7g。果形宽心脏形，整齐，果顶圆平。果皮浅黄，向阳面呈鲜红色霞和较明晰斑点，外观美丽，有光泽。果肉浅黄色，质较脆，肥厚多汁，风味酸甜适口，品质最上等。可食率94.58%。可溶性固形物含量19.75%，总糖13.75%，维生素C含量10.75 mg/100 g，总酸0.67%。核卵圆形，小，黏核。果实发育期55～60 d，在大连地区4月18日初花，4月21～25日盛花，6月21日果实成熟果实较耐储运，较抗裂果。花芽连年结果能力强，是甜樱桃品种中丰产性极佳的优良品种，树势强健，生长旺盛，幼树期生长较直立，盛果期树冠逐渐开张，萌芽率高，成枝力强，枝条粗壮，一般栽植后翌年见花，第三年结果，株产5 kg。花芽大且饱满，每花序开1～3朵花，该品种成花易，花芽连年结果能力强，是甜樱桃品种中丰产性极佳的优良品种，在原产地4月中下旬开花，6月中下旬果实成熟，果实发育期55～60 d。

该品种试栽区较广，辽宁、山东、安徽、湖南、四川、陕西等地区生态条件适宜地区，均可栽种。

(38)龙冠。中国农业科学院郑州果树所用那翁与大紫杂交选育而成。果实个大,平均单果重 6.8 g,最大可达 12 g。果形呈宽心形。果柄长。果皮宝石红色,晶莹亮泽,艳丽诱人。果肉及汁液呈紫红色,汁中多,酸甜适口,风味浓郁,品质优良,含可溶性固形物 13%~16%,总糖为 11.75%,总酸 0.78%,维生素 C 45.7 mg/100 g 鲜果肉。果实肉质较硬,耐贮运性好,常温下货架期 6~7 d。果核呈椭圆形,黏核。在郑州地区 5 月中旬成熟,比大紫早熟 7~8 d。果实发育期 40 d 左右,树体生长健壮,叶片肥厚,在郑州地区气候条件下花芽无发现冻害,开花整齐,自花坐果率高达 25%~30%,适宜授粉品种为红蜜和 3—9 优系。4 月上旬开花,5 月中旬果实成熟,果实发育期为 40 d 左右,苗木栽植后第三年开始结果,平均株产 3.8 kg,最高株产 6.2 kg,盛果期每 666.7 m^2 产量可达 1 200~1 500 kg。适应性、抗逆性均强,现我国山西、安徽、新疆、贵州、河北、山东等地已引种试栽。

(39)莫利。又名意大利早红,原产法国,1989 年从意大利引入山东。果实短鸡心形,单果重 8~10 g,最大 12 g,果皮紫红色,果肉红色,肉厚细嫩,硬脆,汁多,风味酸甜,可溶性固形物 11.5%,含酸 0.68%,品质优。比大紫、红灯早熟 1 周,果实发育期 32 d。4 月中旬开花,5 月中旬果实成熟,生长势强,树姿开张,萌芽力、成枝力高,花芽大,饱满,易成花,栽后第三、四年开始结果,第五年平均株产 5.5 kg,第六年为 8.5 kg,第七年 13 kg,4 月中旬开花,5 月中旬果实成熟,比大紫、红灯早熟 1 周,果实发育期 32 d。

适应性强,抗寒抗旱,在山丘砾石土壤和沙壤土中栽植生长良好。栽植后第三年结果,第五年丰产,盛果期每 666.7 m^2 产量 1 000~1 500 kg。适宜授粉的品种有红灯、芝罘红、鸡心等。布加勒乌·帕莱特果实性状与之相似,只是成熟期晚 1 周左右,在山东临朐采收期为 5 月 25 日前后。

(40)红丰。又名状元红,1979 年烟台芝罘区农林局在世回尧镇大东夼村发现。果实中大,平均单果重 6 g,大者 8 g 以上,心脏形,果顶尖缝合线较明显,果梗中粗而短,不易与果实分离,落果轻,果皮深红色,有光泽,皮下具淡黄色小圆点,外观极美,果肉米黄色、细密,质地硬,汁较多,果核较大,可食部分达 91.3%,黏核,可溶性固形物 15%,甜酸适口,风味佳、品质上,在鲁中南地区6 月中旬、烟台 6 月下旬成熟,果实较耐储运。成熟较晚,采前遇雨易裂果。

该品种树势中庸,树姿开张,枝条粗壮,节间短,叶片多,树冠紧凑丰满,萌芽率和成枝率较强,较丰产,早坐果,但成熟较晚,采前遇雨易裂果,适合防雨栽培。

(41)芝罘红。原名烟台红樱桃。原产于山东烟台市芝罘区上夼村,系烟台市芝罘区农林局 1979 年在上夼村偶然发现的一实生株,果实大型,平均单果重 8 g,最大果重 9.5 g;果实圆球形,梗洼处缝合线有短深沟;果梗长而粗,长 5.6～6 cm,不易与果实分离,采前落果较轻;果皮鲜红色,具光泽,外形极美观。果肉浅红色,质地较硬,汁多,浅红色,酸甜适口,含可溶性固形物较高,一般为 15%,风味佳,品质上等;果皮不易剥离,离核、核较小,可食部分 91.4%。耐储运性强,丰产,适应性较强,成熟期几乎与红灯同熟,成熟期较一致,一般 2 次或 3 次便可采完。

树势强健,枝条粗壮,直立。萌芽率高,成枝力强,1 年生枝中短截后,89.3% 的芽都能萌发成枝,进入盛果期后,以短枝结果为主,各类果枝均有较强结果能力,丰产性较好,7 年生树单株产量达 15 kg。叶片较大,长约 13.6 cm,宽约 5.8 cm,叶绿锯齿稀而大,齿钝尖。

该品种果个大,早熟,外形极美观,品质好,果肉较硬,耐储运性强,丰产,适应性较强,是目前提倡大力发展的红色早熟品种之一。

(42)友谊。乌克兰的大果型中晚熟品种,果实为扇心脏形,大型,单果重可达 13～18 g;果面光滑,鲜红色至紫红色,蜡质层厚,色泽光亮,果顶平展,缝合线细,紫黑色;果柄中粗较长,果肉硬脆离核,浅红色,果皮厚,风味甜酸适口。可溶性固形物 16%～19%,品质极佳。成花容易,结果早。植株生长健壮,抗寒抗旱。

树冠开张,生长势较弱,成枝力中等、萌芽率高,幼树 1 年生枝短截后,可抽生 3 个或 4 个长枝。新梢生长较直立,基部粗、梢部细尖。叶片为长椭圆形,叶色浅绿,幼叶黄绿色。叶缘锯齿中大、较钝,大小相间不整齐。

成花容易,结果早。1999 年夏天,芽接在红灯大树上,在未作任何技术处理的情况下,翌年即大量形成花芽,2001 年即开始结果。花期较晚,栽植时应选用花期晚的品种作授粉树。树势较弱,应注意加强肥水管理。

(43)维佳。果实大,单果重 9～11 g,圆形至心脏形,紫红色,半硬肉,多汁,葡萄甜味,酸甜爽口,鲜食品质极佳。花后 41～45 d果实成熟,耐储运,是一个较好的杂交亲本。

植株健壮,抗寒抗旱,以花束状果枝和 1 年生果枝结果,嫁接苗栽后第三、四年开始结果,成龄树每 666.7 m^2 产量达 1 333.33 kg 以上。

(44)胜利。果实大,单果重 10～12 g,最大果重达 15 g 以上,扁圆锥形,紫红色,汁多,酸甜,硬肉,鲜食品质极佳。花后 45～50 d果实成熟,耐储运。

植株健壮,抗寒抗旱,以花束状果枝和 1 年生果枝结果,嫁接苗栽后第三年始果,成龄树每 666.7 m^2 产量达 1 153.34 kg 以上。

(45)抉择。果实大,整齐,单果重 9～11 g,圆形至心脏形,紫红色,果肉细嫩,多汁,半硬肉,酸甜爽口。果皮细薄,易剥离,汁液紫红色,鲜食品质佳,花后 42～45 d 果实成熟。

植株健壮,抗寒抗旱,以花束状果枝和 1 年生果枝结果,嫁接苗栽后第三、四年开始结果，成龄树每 666.7 m² 产量达 1 033.33 kg 以上。

(46)时代。果实大，单果重 9～11 g，圆形，紫红色，果肉紫红色，细嫩，多汁，半硬肉，酸甜适口，鲜食品质佳。花后 40～45 d 果实成熟。

植株健壮，抗寒抗旱，以花束状果枝和 1 年生果枝结果，嫁接苗栽后第三、四年始果，成龄树每 666.7 m² 产量达 1 220 kg 以上。

(47)宇宙。果实大，整齐，单果重 9～11 g，圆形至心脏形，果实绯红色，极漂亮。果肉奶油色，多汁，酸甜适口，硬肉，汁无色，鲜食品质佳，花后 50～55 d 果实成熟。

植株健壮，抗寒抗旱，以花束状果枝和 1 年生果枝结果，嫁接苗栽后第三、四年始果，成龄树每 666.7 m² 产量达 1 140 kg 以上。

(48)红蜜。大连市农业科学研究所以亲本那翁×黄玉杂交育成。果实扁圆形，整齐，平均单果重 5.1 g，最大果重 6 g，果皮杏黄色，阳面具红晕，有光泽，果肉黄白色，肉质软，汁多，甜酸适口，品质极佳，果核小，黏核，可溶性固形物含量为 17%。

树势强健，生长中庸，树姿开张，萌芽力、成枝力均较强。果实丰产，在大连地区 4 月中下旬开花，6 月上旬果实成熟，果实发育期 40～50 d。

(49)兰伯特。美国品种，可能是那翁×心脏青的杂交后代。果实平均单果重 6.0 g，心脏形，果实紫黑色有光泽，果肉暗红色，肉质致密，脆硬，具有芳香味，汁多，汁液红色，味甜稍酸，品质优，果核小，黏核，可食率 93.5%，果实较耐储运。

树冠直立稍小，呈圆头形，成枝力中等，花束状枝较多，花中等大小，易成花，每个花芽开 1～4 朵花，多为 3 朵，由于树冠较小，适于密植，丰产性好。果实成熟期在 6 月下旬。果实适于鲜食，酿酒、加工果酱，该品种是美国樱桃生产主栽品种之一。

(50)优系滨库。1998 年引自美国，平均果重 9 g，成熟期在

6 月10 日左右，果皮紫红色，厚而坚韧，果肉硬，风味极佳，裂果轻，丰产，幼树株产 20 kg，是一个极有前途的中熟红色品种。

(51)佐藤锦优系。日本品种，由佐藤锦中选出的优良品系。果实短心脏形，平均单果重 7～9 g，最大果重 13 g，果柄短粗，果皮底色为黄色，阳面艳红，有光泽，果皮厚，果核小，果肉厚，白色微带黄色，质密，甜味浓，含可溶性固形物 13%～18%，含酸量 0.5%左右，品质优。在大连地区 4 月中下旬开花，果实 6 月上中旬成熟，果实发育期为 50～55 d。

树势强健，枝条直立，树冠近自然圆头形，丰产，稳产，是甜樱桃中产量较高的品种，但遇雨易裂果，花粉多，是一个优良的授粉品种。

(52)佐槛。日本山梨县盐山市雨宫正明 1970 年发现的高砂大果型枝条变异品种，果实短心脏形，平均单果重 10 g，比高砂品种高 3～4 g，最大果直径 3 cm，圆滑整齐，果皮底色黄色，着色美丽，果肉为奶油色，硬度中等，糖度高达 17%，比高砂高 3%，果汁多，pH 3.9，风味浓，半离核，在盐山市 6 月中旬成熟，耐储运性好。

该品种树势中等，呈开张形，结果树龄早，自花结实力强，无生理落果现象，由于坐果多，应进行疏果，遇雨有裂果宜进行防雨栽培，或在雨水较少具有灌溉条件的地区栽培。

(53)烟台一号。1979 年山东烟台市芝罘区农林局选出，定名为烟台一号。该品种生长和结果习性极似那翁，树势较强，直立，叶片大且长，叶缘锯齿大而钝，齿间浅，花极大，果个大，平均单果重 6.5～7.2 g，大者 8 g 以上，果面有紫红点，果肉脆硬，果汁较多，极甜，可溶性固形物有时高达 20%，品质极佳，果核小，可食部分达 95% 以上，与那翁相比幼树期偏旺，进入结果期较晚，其他生长结果习性与那翁相似，可在需要栽培那翁时以该品种代替。

(54)大紫。又名大红袍，大红樱桃。原产于苏联，在克里木地区栽培历史有 190 余年。1794 年引入英国，19 世纪初引入美国，1890 年引入山东烟台，后传至辽宁、河北等地，是目前我国的主栽品种之一。果实平均单果重 6.0 g 左右，最大果可达 10 g，果实心脏形或宽心脏形，果梗中长而较细，不易落果，果皮初熟时浅红色，成熟后为紫红色或深紫红色，有光泽，皮薄易剥离；果肉浅红色至红色，质地软，汁多味甜，可溶性固形物含量因成熟度和产地而异，一般在 12%～16%，品质中上等；果核大，可食率 90%，开花期晚，一般比那翁、雷尼晚 5 d 左右，但果实发育期短，为 40 d 左右，在山东半岛，5 月下旬至 6 月上旬成熟，在鲁中南地区 5 月中旬成熟，成熟期不太一致，须分批采收。

树势强健，幼树期枝条较直立，随着结果量增加逐渐开张；萌芽力高，成枝力较强，节间长，枝条细，树体不紧凑，树冠内部容易光秃。叶片为长卵圆形，特大，平均长 10～18 cm，宽 6.2～8 cm，故有“大叶子”别称。

大紫果实成熟早，外形美观，品质较好，商品性高，同时又是优良的授粉品种。果农喜欢栽植这一品种，特别在鲁南地区抢占早期市场具重要作用。苏联的材料报道，成龄树株产 100 kg 左右，最高株产达 500～700 kg，抗褐腐病。较丰产，果肉软，耐贮性差。该品种适合早春回暖快、城市近郊及交通便利的地区适当发展。

(55)那翁。那翁又名黄樱桃、大脆、黄洋樱桃，为欧洲原产的一个古老品种。早在 18 世纪德国、法国、英国已经栽培，为甜樱桃中生食及加工优良品种。1862 年美国园艺学会在其果树名录上加了那翁这一品种，1880—1885 年由朝鲜仁川引入山东烟台，目前是辽宁、山东等樱桃产区的主栽品种之一。

果实中大，平均单果重 6.5 g，最大 8 g，心脏形或长心脏形，果顶近圆形或尖圆形，果梗长，与果实不易分离，落果轻，成熟时遇雨易裂果，果皮乳黄色，阳面有红晕间有大小不一的深红色斑点，富光泽，皮较厚韧，果肉浅米黄色，肉质脆硬，汁多，可溶性固形物含量 14%～16%，甜酸可口，品质上等，可食部分为 93.36%。在山东鲁中南地区 6 月上旬、烟台地区 6 月中旬成熟。自花结实能力低，需配置大紫、水晶、红灯等授粉品种。该品种是很好的鲜食加工兼用品种。

树势强健，树姿较直立，成龄树长势中庸，树冠半开张，萌芽率高，成枝率中等，枝条粗壮，节间短，树冠紧凑，盛果期树多以花束状果枝、短果枝结果为主，中长果枝较少，树冠内枝条稀疏，结果枝寿命长，结果部位外移较慢，高产稳产，叶片较大，厚而浓绿，长倒卵圆形或长椭圆形。

抗寒力、适应性强，在山丘砾质壤土和沙壤土栽培，丰产性状良好，盛果期树株产一般 30～50 kg，最高株产 150～200 kg，果实宜鲜食也适合加工。较耐储运，花期耐寒性高，果实成熟期遇雨较易裂果。对土壤条件要求较高，可在土壤肥沃、有灌溉条件的地方发展。

(56)早红梅。果实大，均匀，单果重 6～7 g，扁圆形，红色，果皮细薄，易剥离，果肉红色，细嫩多汁，酸甜适口，鲜食品质优，花后 27～30 d 果实成熟，为极早熟樱桃品种。

植株生长强健，抗寒抗旱，以花束状果枝和 1 年生果枝结果，嫁接苗栽后第三年始果，成龄树每 666.7 m^2 产量达 920 kg 以上。

(57)微笑。果实大，整齐，单果重 8.5 g，阔心脏至近圆形，紫红色。果皮细薄、紧密、易剥离。果肉紫红色，细嫩多汁，酸甜适口，鲜食品质优。花后 30～35 d 果实成熟，能早上市。

植株生长强健，抗寒抗旱，以花束状果枝和 1 年生果枝结果，嫁接苗栽后第三、四年开始结果，成龄树每 666.7 m^2 产量达 800 kg 以上。

(58)极佳。果实大，单果重 6～8 g，紫红色。果肉紫红色带有白色纹理，半硬肉，多汁，汁浓，紫红色，葡萄甜味，鲜食品质佳。果核圆、光滑。花后 32～35 d 果实成熟。

植株生长强健，抗寒抗旱，嫁接苗栽后第三、四年始果，以 1 年生果枝和 2～5 年生花束状果枝结果，花束状果枝寿命可达 11～14 年，成龄树每 666.7 m^2 产量达 750 kg 左右，最高每 666.7 m^2 产量达 1 020～1 040 kg，经济效益高。

(59)冠军。果实大，单果重 8～10 g，圆形至心脏形，紫红色或近黑色，皮细薄、紧密，果肉紫红色，致密，汁多，半硬肉，酸甜适口，具有葡萄甜味，果汁紫红色，鲜食品质佳，花后 35～40 d 果实成熟，耐储运。

植株生长健壮，抗寒抗旱，嫁接苗栽后第三、四年始果，以花束状果枝和 1 年生果枝结果。成龄树每 666.7 m^2 产量达 1 073.45 kg 以上。

(60)梦幻。果实大，整齐，单果重 8～11 g，广圆形，紫红色或近黑色。果皮细、紧、易裂，果肉紫红色，细嫩多汁，半透明，酸甜适口，汁紫红色，鲜食品质极佳，花后 36～42 d 果实成熟。

植株生长健壮，抗寒抗旱，以花束状果枝和 1 年生果枝结果，嫁接栽后第三年始果，成龄树每 666.7 m^2 产量达 850 kg 以上。

(61)早丰。大连市农业科学研究所以亲本黄玉×滨库杂交育成，果实阔心脏形，整齐，平均单果重 5.1 g，最大单果重 5.8 g。果皮深红色或紫红色，有光泽，外观艳丽，肉质较软，果肉中厚，甜酸适口，品质优，可溶性固形物 11.3%～12.5%。果核小，黏核，较耐储运。

树势强健，树姿较开张，枝条中粗，萌芽力、成枝力强，花芽大，成花易，早果性好。栽植后第三年开始结果，在山东半岛地区，4 月中下旬开花，5 月 20 日左右果实成熟，果实发育期 30～35 d。

(62)六月早。果实大，整齐，单果重 8～9 g，心脏形，红色。果皮细薄、紧密、易剥离，果肉红色，具有白色纹理，半硬肉，多汁，酸甜适口，葡萄甜味。鲜食品质优。花后 38～44 d 果实成熟，适宜机械化采收，1961 年在德国国际博览会上，该品种荣获金奖。

植株生长健壮，抗寒、抗旱，以花束状果枝和 1 年生果枝结果，嫁接苗栽后第三、四年开始结果，成龄树每 666.7 m^2 产量达 1 053.33 kg 以上。

(63)庄园。果实大，单果重 8～10 g，圆形至心脏形，浅黄色，浓玫瑰红或绯红色，果皮细薄，紧密。果肉白色，细嫩，汁多，半硬肉，酸甜爽口，鲜食品质极佳。花后 41～45 d 果实成熟。

植株健壮，抗寒抗旱，以花束状果枝和 1 年生果枝结果，嫁接苗栽后第三、四年开始结果，成龄树每 666.7 m^2 产量达 1 400 kg 以上。

(64)黑梅。果实大，整齐，单果重 7～9 g，圆形至椭圆形，浓紫红色，果肉紫红色，硬肉，多汁，酸甜适口，鲜食品质优。花后 50～55 d 果实成熟，耐储运并适宜机械化采收。

植株健壮，抗寒抗旱，以花束状果枝和 1 年生果枝结果，嫁接苗栽后第三、四年开始结果，成龄树每 666.7 m^2 产量达 1 700 kg 以上。

(65)疗养。果实大，整齐，单果重 9～12 g，阔心脏形至圆形，果实底色淡黄，果面绯红色和玫瑰红色，果皮细薄、紧密，易剥离，果肉奶油色，致密、硬肉、多汁，汁液无色，鲜食品质佳。花后 55～60 d 果实成熟。

植株健壮，抗寒抗旱，以花束状果枝和 1 年生果枝结果，嫁接苗栽后第三、四年开始结果，成龄树每 666.7 m^2 产量达 1 760 kg 以上。

(66)葡萄干。果实大，单果重 7～8 g，圆形，紫红色，果肉紫红色，致密，多汁，硬肉，酸甜适口，鲜食品质佳。果核小，圆形。花后 56～60 d 果实成熟，耐储运，适宜机械化采收和加工甜食。

植株健壮，圆球形，枝密，耐寒、抗旱，抗细菌性病害。以花束状果枝和 1 年生果枝结果，嫁接苗栽后第三、四年开始结果，成龄树每 666.7 m^2 产量达 1 206.67 kg 左右，最高每 666.7 m^2 产量可达 1 590.0 kg 左右。

(67)巨丰。杂交种,亲本为拿破仑·白金×极佳。果实大,单果重 10～13 g,最大单果重 18 g。广圆形,顶部微凹,果柄中长、粗,易采收。果皮紫红色,肉紫红色,多汁,酸甜适口,硬肉,果核大、圆,半离核,鲜食品质佳,花后 55～60 d 果实成熟,较耐储运。除鲜食外,亦能用于加工。

植株健壮,冠圆球形,枝中密,花束状果枝和 1 年生枝结果,花束状果枝可持续结果 10～12 年,故连年丰产。嫁接苗栽后第四年始果,成龄树每 666.7 m^2 产量 1 000 kg 以上。抗寒、抗旱,适应性强。

(68)火星。乌克兰杂交种,亲本为黄宝石×黑梅等品种的混合花粉,果实大,整齐,平均果重 9～10 g,扁圆锥形,果顶圆微凹,缝合线不明显,果柄粗、中长,果实紫红色,果点密、褐色,果皮中厚,易剥离,果肉紫红色,无白色纹理,脆肉,汁多,紫红色,酸甜爽口,香味浓,品质佳。核中大、椭圆形,光滑离核。花后 55～60 d 果实成熟,较耐储运,抗寒、抗旱。嫁接树第三年开始结果,8 年生树平均株产 40.0 kg,13 年生树平均株产 131.0 kg。

(69)猎星。乌克兰杂交种,亲本为黄宝石×极佳。果实平均重 9～10 g,整齐,扁圆形,果顶圆、微凹,果实紫红色,皮中厚,不易剥离,果点密、灰褐色,果肉紫红色,汁多,肉软,鲜食品质佳。干物质含量 18.63%,糖 13.36%,有机酸 0.47%,花后 50 d 果实成熟,储运性好。嫁接树第三年开始结果,成龄树平均株产 73.0 kg,而对照品种法兰西·约瑟夫平均株产 42.0 kg。

(70)红梅。乌克兰杂交种,亲本为法兰西·约瑟夫×热布烈,单果重 6～8 g,圆形,果顶微凹,果实紫红色,致密,果肉红色,细嫩,半脆肉,汁多,鲜红色,酸甜爽口,香味浓,品质佳。果核中长,圆形,果柄中长,花后 40 d 果实成熟,较耐储运,商品性好,抗寒、抗旱。嫁接树第三年开始结果,成龄树平均株产 77.5 kg,最高达 108.0 kg。

(71)理想。杂交种，亲本为 1 086 实生苗授以黑梅、法国黑等品种混合花粉实生后代中选出，嫁接苗栽后第四年开始结果，9 年生树平均株产 38.0 kg，14 年生树株产 134.0 kg。

果实大，平均单果重 9～10 g，整齐一致，广圆形，果顶圆微凹，果柄中长，中粗，易采果。果实紫红色，几乎黑色，果点密，褐色，隐显，果皮中厚，果肉紫红色，汁多，脆肉，酸甜爽口，鲜食品质佳。果核小，圆形、离核。花后果实 60～65 d 成熟，较耐贮运，抗寒、抗旱。

植株健壮，冠圆球形，花束状果枝和 1 年生果枝结果，每百个花芽含有 255 个花蕾，花大、白色，主干树皮灰褐色、光滑，枝条中粗、直立、褐色，皮孔大而密，叶片大、长椭圆形、深绿色、光滑，腺体椭圆形，2 个或 3 个。

(72)黑樱桃。乌克兰品种，由法国黑樱桃自然杂交种子培育而成。果实圆形，平均单果重 5.7 g，果皮紫黑色，果肉深红色，果肉致密、半脆，果汁多，深红色，果核小，圆形，离核，果实酸甜爽口，稍涩味，耐储运，可溶性固形物含量 13.3%，含糖量 8.9%，含酸量 0.59%，维生素 C 含量 17.6 mg/100 g 鲜果重，鞣质和色素含量 37.4 mg/100 g 鲜果重。

树势强健，冠呈宽圆头形，萌芽力和成枝力均强，以花束状果枝结果为主，丰产、稳产。果实在 6 月下旬成熟，抗裂果，抗旱、抗病能力强。适于鲜食和加工多种类型产品。

(73)晚红珠。大连市农科院杂交培育的极晚熟品种，6 月下旬到 7 月上旬成熟，平均单果重 9.5 g，最大果重 11.2 g，果个均匀；果实鲜红色，肉硬，耐贮运，抗裂果，极丰产，耐霜冻，采收时遇雨，易发生裂口现象。

(74)斯塔克艳红。美国品种，由斯坦勒与滨库杂交培育而成。果实短心脏形，平均单果重 5.4 g，最大果重 9 g，果皮鲜红色，果肉淡红色，硬肉，汁多，含可溶性固形物 19%，鲜食酸甜爽口，品质极佳，较耐储运。树形紧凑，矮化，萌发力强，成枝力中等，易成花，自花结实能力强，花后 50 d 左右果实成熟，是一个较理想的栽培品种。

(75)瓦西里(Valerij Cskalov)。匈牙利 1993 年推出，山东省烟台市农科院引进，果实为带肩的盾锥形，果皮暗红色，肉质中硬，果肉及果汁呈玫瑰色。平均单果重 9.58 g，可食率 91.9%，可溶性固形物含量 17.2%，瓦西里表现早熟，成熟期在 5 月底 6 月初，比红灯早熟 5～7 d；树势中庸，易于管理；果个大，内在品质优良；耐贮性强；丰产性好。

(76)福星。山东省烟台市农科院选育，母本为萨米脱，父本为斯帕克里。果实肾形，果顶凹，果皮浓红色至紫红色，果肉紫红色，缝合线一面较平，果肉硬脆；平均单果重 11.8 g，最大果重 14.3 g；可溶性固形物含量 16.3%，可食率 94.7%，果柄粗短。

(77)福晨。山东省烟台市农科院选育，母本为萨米脱，父本为红灯，果实鲜红色，心脏形，缝合线平，果顶前部较平，果肉淡红色，硬脆；平均单果重 11.2 g，果实纵径 2.41 cm，是已知同期成熟的甜樱桃中单果重最大的品种。

(78)吉美。西北农林科技大学选育成，野生甜樱桃的自然杂交种，果实成熟期比红灯樱桃晚 25 d。果形为心形，果实大，表面颜色为紫红色，有光泽，果面多小而亮的果点，果实肉脆、酸甜适中、品质优，果肉硬、耐储。

(79)蜜早(Brooks)。美国加州大学戴威斯分校用雷尼(Rainier)和早布莱特(Early Burlat)杂交育成的早熟品种，1988 年开始推广。该品种果实大，平均最大直径 2.54 cm。果皮厚，完全成熟时果面暗红色，偶尔有条纹和斑点，多在果面亮红色时采收。果肉紧实、硬脆，味甜，糖酸比率是宾库的 2 倍。采收时遇雨易裂果。花期介于布莱特和宾库之间，比宾库早熟 10～14 d。

(80)鲁比(Ruby)。早熟暗红色抗裂果品种。美国加州 Lodi 的 Marvin Nies 推出。亲本为 Hardy Giant×Bush Tartarian。果

实中大，球形或心脏形，果柄短；果皮光亮红色；果肉硬，暗红色；甜；抗裂果。早熟，较先锋早但晚于布莱特。自花不结实，花期较先锋早；早实，丰产。

三、樱桃的生物学特性

☞ 23. 樱桃树的寿命和结果年龄是怎样的?

中国樱桃树体寿命一般为 50～70 年,高者达 100 年;大(甜)樱桃树寿命 80～100 年;酸樱桃和毛樱桃枝干寿命 10～15 年,由于易生根蘖,可以继续更新树冠。

樱桃开始结果年龄较早,中国樱桃定植后 3～4 年开始结果,12～15 年后进入盛果期,单株产量达 50 kg 以上,经济结果年限可维持 15～20 年;大(甜)樱桃树定植后 3～4 年开始结果,10 年后进入盛果期,单株产量约 50 kg;酸樱桃树 3～4 年开始结果,7～8 年后进入盛果期,经济结果年限可延续 15～20 年,单株产量 25～40 kg;毛樱桃播种后翌年就可结果,3 年就有经济产量,5～6 年后进入盛果期,单株产量 5 kg 以上,10～15 年后产量下降。

☞ 24. 樱桃树的生命周期是怎样的?

樱桃的生命周期,指樱桃从种子发芽形成新的个体直至植株死亡的过程。樱桃根据种类、砧木、立地条件、管理水平等的不同,其寿命也长短不一,中国樱桃的寿命一般可达 50～70 年,甜樱桃可达 80～100 年,酸樱桃寿命最长的可达 300 余年。但樱桃的经济结果年限一般在 20～30 年。樱桃的树龄时期按其自然生长阶段大致划分为幼树期、初果期、盛果期、衰老期四个阶段。

(1)幼树期。指从种子萌发形成新的植株到最初开花结果的阶段。这一阶段，樱桃的营养生长占绝对优势，故也叫营养生长期。

从经济角度讲，幼树期越短越好。幼树期的长短与形成新植株的营养器官和砧木类型直接相关。当形成新植株的营养器官发育阶段年幼（如种子）时，植株开花结果就较晚，幼树期就较长；而发育阶段较老的营养器官（如接芽等）形成的新植株，开花结果将会提前，幼树期也将随之缩短。一般砧木苗幼树期需要 4～5 年，矮化或半矮化砧木苗幼树期会提前 1～2 年。

幼树期是樱桃树体形成的重要时期，此期樱桃树势强健，营养生长旺盛，地上部分和根系迅速扩大，特别是具有顶端生长优势，常可以形成明显的中心干，成枝力较强。管理上应及时定干、整形，采用春季刻芽、夏季连续摘心、短截等措施促使多发枝，增加枝叶量；通过拉枝、扭梢等办法抑制营养生长，促进营养积累，以尽量达到缩短营养生长期的目的。此期的关键任务是培养树形。

（2）初果期。又称生长结果期，从开始挂果到产量稳定进入盛果期为止。随着樱桃树龄的增长，树冠、根系不断扩大，枝量、根量成倍增长，枝的级次增高，其生理代谢发生重大转化，开始由营养生长转入生殖生长，最显著的变化是植株开始开花。

初果期樱桃部分外围枝继续旺长，中、下部枝条提前停长、分化；长枝减少，中短枝及丛状枝量增加，营养生长期相对缩短，营养物质提前积累，内源激素也随之变化，为花芽分化提供了物质基础，中短枝的基部和丛状枝的周侧花芽量都随枝量的增加而增多。这一时期，修剪和栽培管理趋于复杂，在继续培养骨架、扩大树冠的同时，注意控制树高，抑制树势，促使及早转入盛果期。可采取夏季对直立旺枝扭梢、多次摘心、扭拉过旺枝等措施来控制树势。如果措施得当，5～7 年便可进入盛果期。

（3）盛果期又称结果生长阶段，是樱桃经济结果年限的主要部分，樱桃栽培的效益也主要体现在本期。盛果期营养生长、果实发育和花芽分化关系协调，生长和结果趋于平衡，产量高且趋于稳定。

盛果期樱桃树冠达到最大限度，发枝力逐渐减弱，发育枝的年生长量为 30～50 cm，干周仍继续增长，结果枝均匀布满整个树冠，并逐渐开始由内向外、自下而上发生转移。应注意修剪上采用疏除过密枝、短截、回缩等方法改善内膛光照，防止内膛枝枯死，结果部位外移；土、肥、水管理上通过深翻改土和增施有机肥等方法来增强根系的活力；通过合理负载并加强花果管理，以便维持健壮的树势和提高果品质量。盛果期一般可延续 15～20 年。

(4)衰老期从植株衰老至全株死亡为衰老期。这个时期的生理特点是，随着树龄的增长，树体机能逐渐衰老，首先是根系萎缩，树冠内膛、下部枝条枯死，生长减弱，结果量和品质下降。伴随着各种组织和器官功能的衰退，最后全株死亡。从形态上看，衰老期的植株，树冠不断缩小，结果大量减少，枯枝增多，从枝梢到根茎的隐芽萌发力逐渐丧失，直至树木干枯死亡。

生产上要尽量推迟衰老期的到来，修剪上注意利用潜伏芽更新骨干枝、树冠和结果枝组，加强土、肥、水管理，加强根系管理促发活力。

☞ 25. 樱桃树的年周期生长发育规律是怎样的?

(1)休眠期。休眠期是指秋季落叶至翌年春季萌芽之间的时段。樱桃树不同树龄、树体不同部位和各器官进入休眠的时间不完全一致，一般幼树比成树停止生长晚，进入休眠也晚；芽在新梢停止生长后即开始休眠，而其他地上部分则在落叶后进入休眠；根颈部休眠最晚而解除最早。休眠期一般分为两个阶段。

①自然休眠期：樱桃树在落叶后需要经过一定量的低温才能保证正常的萌芽生长和开花结果，这一定量的低温时间就叫自然休眠期。自然休眠期是以其需冷量来计算的，不同品种的需冷量不同，樱桃树的需冷量一般为 0～7.2℃ 经过 733～1 400 h。需冷

量是进行樱桃设施栽培的关键技术依据，一般需冷量达到后即可进行促成栽培。

②强迫休眠期：指自然休眠期结束后，由于外界环境还处于严冬季节，而被迫进行的休眠。只有等春季温度回升后，此期才告结束，开始发芽。

(2)生长期

①营养生长：指根系和枝叶的生长。樱桃根系在每年土壤解冻后即开始活动，向地上部输送必要的水分、营养和激素，同时新根开始生长。当日平均气温达到8℃左右时，樱桃的芽便开始萌动，叶芽萌发后展叶，接着是一个7 d左右的短暂新梢生长期，长出6～7片叶，成为5～8 cm的叶簇状新梢；开花期间新梢生长缓慢；在谢花后，新梢又进入速长期；在果实硬核期至成熟，新梢几乎完全停止生长；在果实采收后，新梢又进入一个10 d左右的速长期。在樱桃新梢完全停止生长后至落叶前，开始进入营养积累期。由于没有新生营养器官的消耗，叶片的光合产物及自身营养流向芽、枝和根系中，贮藏以利于安全越冬，同时又是翌年正常生长的保证。

一般幼龄期的树木因营养生长旺盛，新梢年生长量可达50～80 cm，新梢第一次停止生长的时间比成龄树晚10～15 d，进入雨季还有第二次甚至第三次生长；成年树新梢年生长量20～40 cm，新梢停止生长的时间因品种而异。另外，晚熟品种的新梢生长量较大，停止生长的时间也较晚。

樱桃根系与新梢生长交替进行，即新梢停止生长时，新根生长量就逐渐增加；枝叶旺长期，则新根生长逐渐减缓。

②生殖生长：指樱桃的开花结果，这完全是消耗性的生长发育。首先是花芽萌动、膨大及开花、授粉、受精，消耗的营养为树体上年的贮藏养分，要做好萌芽期和花期追肥和疏蕾、疏花、疏果等工作，利于营养供应与合理有效利用；在谢花后，进入果实的第一

次速长期，养分需求量大，且易与新梢生长造成养分竞争，要加强肥水供应；当果实进入硬核期成熟期，果实发育进入第二次速长期，生殖生长占绝对优势；果实成熟采收后，樱桃进入花芽分化时期，一直到翌年开春才告结束。在樱桃树体的生长发育过程中，樱桃的生殖生长与营养生长交替进行，二者是矛盾的统一体，营养生长过旺易造成落果和花芽分化不良，而坐果过多则削弱新梢的生长，所以要通过肥水管理、疏花疏果和夏季修剪等来调节，使二者能够保持一个动态平衡。

☞26．大樱桃根系分布与结构有何特点？

大樱桃的根系按其来源可分为实生根系和茎源根系两大类。实生根系是由种子的胚根发育而来。茎源根系是由压条、扦插、分株等营养繁殖方式在茎上所生的不定根发育而来的。根系的分布及结构特点与砧木种类、砧苗繁殖方式、土壤条件及管理技术等关系密切。

(1)砧木种类不同，根系的分布及结构不同。毛把酸和山樱桃的根系比较发达，其主根粗，细长根多，分布深，固地性强，适应性较强。据罗新书调查，在沙壤土上，以毛把酸为砧木嫁接的那翁成龄树，根系分布深度达 70 cm，80％的根系分布在 20～40 cm 深的土层中；中国大樱桃的根系发达，分布浅，但水平伸展范围很广，用中国樱桃嫁接的 27 年生的甜樱桃，水平根伸展长达 11 m，超过树冠冠径的 2.5 倍；考脱砧根系发达，侧根、细根多，固地性强，嫁接苗生长旺盛，对土壤适应性强，较耐涝，惟易感根癌病。

(2)砧木繁育方法不同，根系的分布和结构不同。播种繁育的砧木苗，骨干根特别是垂直根较发达，根系分布较深；用压条等方法繁育的砧木苗，一般垂直根不发达，水平根发育强健，须根量很大，在土壤中的分布较浅。

(3)土壤条件和管理水平的不同，根系的分布和结构不同。土层深厚、透气性好，以及管理水平较高时，根量大，分布范围广，垂直生长也深。据调查，嫁接在中国樱桃砧木上的25年生大紫，在土层较深、管理较好时，根系集中分布在30～60 cm的土层中，比管理较差的同龄树，根系垂直分布几乎加深1倍。多效唑(PP333)在土壤中的施用，对樱桃根系的生长有限制作用，特别是用量较多时，能表现出明显的“毒害”，甚至使部分根系死亡。

☞27. 大樱桃芽有几种?

大樱桃的芽单生，不具有多芽并生的复芽。按芽的性质，可以分为叶芽和花芽两类：叶芽只抽枝、展叶，花芽开花、结果。凡顶芽都是叶芽；腋芽中既有叶芽，也有花芽。

(1)叶芽的特性。大樱桃的叶芽较瘦长，为尖圆锥形，分布于各类枝条的顶端、发育枝的叶腋，以及长果枝、混合枝的中上部。叶芽萌发后，抽枝、展叶，形成各级骨干枝和结果枝，扩大树冠，增加结果部位。

大樱桃芽的萌发力强，1年生枝的芽几乎全部萌发，但芽的成枝力较弱。成枝力的高低，常因品种而不同，各年龄时期也有变化。不同年龄时期中，以幼树期成枝力最强，进入结果期后逐渐减弱，盛果期有的甚至抽不出枝来。

大樱桃的芽具有早熟性。有的在形成当年即能萌发，使枝条在一年中有多次生长。特别是在幼树和旺树上，容易抽生副梢。为人工摘心、促使幼树迅速扩大树冠、尽早结果，提供了有利条件。

(2)花芽的特性。大樱桃的花芽为圆锥形，比叶芽饱满、粗胖。除着生在花束状果枝、短果枝和中果枝上外，在长果枝、混合枝基部的5～8个较大腋芽，也常为花芽。

大樱桃的花芽为纯花芽。开花结果后，其原着生处即行光秃。

因此，在顶端（或前部）叶芽抽枝延伸生长的过程中，枝条后部和树冠内膛容易发生光秃现象，以致使结果部位较快地外移出去。

☞28. 大樱桃芽的萌芽力、成枝力及潜伏芽的生命力是怎样的？

樱桃的萌芽力较强，各种樱桃的成枝力有所不同。中国樱桃和酸樱桃成枝力较强；甜樱桃成枝力较弱，一般在剪口下抽生3～5个中、长发育枝，其余的芽抽生短枝或叶丛枝，基部极少数的芽不萌发而变成潜伏芽（隐芽）。甜樱桃的萌芽力和成枝力在不同品种和不同年龄时期也有差异。那翁、雷尼、滨库等品种萌芽力较高，但成枝力较低；幼龄期萌芽力和成枝力均较强，进入结果期后逐渐减弱，盛果期后的老树，往往抽不出中、长发育枝。甜樱桃的芽更有生长季萌芽率较高，但成枝力较弱的特点。在盛花后，当新梢长至10～15 cm时摘心，摘心部位以下仅抽生1或2个中、短枝，其余的芽则抽生叶丛枝，在营养条件较好的情况下，这些叶丛枝当年可以形成花芽。在生产上，我们可以利用这一发枝习性，通过夏季摘心来控制树冠，调整枝类组成，培养结果枝组。

樱桃潜伏芽的寿命较长，中国樱桃70～80年生的大树，当主干或大枝受损或受到刺激后，潜伏芽便可萌发枝条更新原来的大枝或主干；甜樱桃20～30年生的大树其主枝也很容易更新，这是樱桃维持结果年龄、延长寿命的宝贵特性。

☞29. 大樱桃花芽分化的特点有哪些？如何促进花芽分化？

大樱桃的花芽分化，具有分化时期集中、分化过程迅速的特点。大樱桃花芽的形态分化期，主要在采果后的1～2个月时间里。形态分化的过程，大体上可以划分为花原基显现期、花萼原基分化期、花瓣原基分化期、雄蕊分化期，以及雌蕊分化期5个时期。据研究，至越冬前，花芽中已经具有闭合的花蕾和花粉囊。

大樱桃花芽生理分化和形态分化的迟早，与品种、树龄、树势、果枝类型，以及各年的气候状况等有关。一般早熟品种比晚熟品种分化期早；成龄树、弱树比幼树、旺树分化期早；停长早的枝条，比停长晚的枝条开始分化早；天旱年份比多雨年份分化期要早。

由于大樱桃花芽分化期集中，分化过程迅速，所以对营养条件有着较高的要求。在营养条件不良时，会影响花芽的发育质量，有的还能出现雌能败育花朵。雌能败育花的发生，可能与雌蕊的发育延期(有时10月份可观察到子房，有时子房会迟至翌年3月份出现)，和植株体内激素组成的变化有关。雌能败育的花朵，柱头极短，矮缩于萼筒之中，花瓣未落，柱头和子房已黄萎，完全不能坐果。在长势较弱的树上，花束状果枝的败育花率较高；在长势较强的树上，则中、长果枝及混合枝的败育花率较高。这种现象可能与品种的分枝习性，以及新梢生长和花芽分化的节奏有关。分枝力强、长枝多的品种或植株，败育花率就高；反之，败育花率就低。这是因为在大樱桃果实采收后，长势壮旺的树上有一个新梢速长期，消耗养分比较多，以致影响了花芽的发育质量，从而增加了中、长果枝及混合枝基部腋花芽的败育花率。

甜樱桃花芽分化需要充足的有机营养和合适的内源激素作保证，抑制过旺营养生长、合理负荷、保叶及充足的肥力是提高有机营养水平的条件；促进根系生长、抑制营养生长和减少负荷，有利于增加细胞分裂素的量和减少赤霉素的量，加大细胞分裂素与赤霉素的比例，使芽的分化方向朝有利于花芽的方向发展。根据甜樱桃花芽分化的特点，要求在采收之后要及时施肥浇水，加强根系的吸收，补充果实的消耗，促进根系的生长，增强枝叶的功能，为花芽分化提供物质保证。否则，若放松土、肥、水的管理，则减少花芽的数量，降低花芽的质量，加重柱头低于萼筒的雌蕊败育花的比例。

☞30．大樱桃枝条的种类有几种？

樱桃的枝条按其性质可分为营养枝（也称发育枝）和结果枝两类。营养枝着生大量的叶芽，没有花芽，叶芽萌发后，抽枝展叶，制造有机养分，营养树体，扩大树冠，形成新的结果枝。结果枝是指同时着生叶芽和花芽，但主要是着生花芽，翌年可以开花结果的枝条。不同的年龄时期，营养枝与结果枝的比例不同。盛果期以前的幼树，是以营养枝占优势；进入盛果期后，营养生长减弱，生殖生长加强，生长量减少，生长势减缓，出现各级枝条上同时具有叶芽和花芽并存的现象。花芽和叶芽并存的枝条习惯上被称为混合枝，也属于结果枝。

☞31．大樱桃结果枝的类型及特点是什么？

樱桃的结果枝按其长短和特点分为混合枝、长果枝、中果枝、短果枝和花束状果枝五种类型。

（1）混合枝。混合枝是由营养枝转化而来的，一般长度在 20 cm 以上，仅枝条基部的 3～5 个侧芽为花芽，其他各芽均为叶芽，能发枝长叶，也能开花结果，具有开花结果和扩大树冠的双重功能，但这种枝条上的花芽质量一般较差，坐果率也低，果实成熟晚，品质差。混合枝是初果期的主要结果枝（表 4）。

表 4　5 年生树各品种不同果枝的比率　　%

品种	混合枝	长果枝	中果枝	短果枝	花束状果枝
拉宾斯	67.8	13.6	7.2	5.4	6.0
红蜜	23.6	18.7	9.0	3.2	45.5
红灯	33.3	8.0	22.2	25.2	12.3
那翁	31.4	16.8	3.1	4.9	53.8

(2)长果枝。长果枝一般长度为15～20 cm，除顶芽及其邻近几个侧芽为叶芽外，其余侧芽均为花芽。结果以后，中下部光秃，只有叶芽部分继续抽生不同长度的果枝。一般长果枝在初果期的幼树上占的比例较大，进入盛果期以后，长果枝的比例大减。不同品种间长果枝的比例有差异，大紫、小紫等品种长果枝比例较高，坐果率也较高；而雷尼、那翁、滨库等品种的长果枝比例较低。因此，在栽培上应根据品种的特性，培养相应的结果枝。

(3)中果枝。中果枝的长度为5～15 cm，除顶芽为叶芽外，侧芽均为花芽。中果枝一般着生在2年生枝的中上部，数量较少，也不是樱桃的主要结果枝类型。

(4)短果枝。短果枝的长度在5 cm左右，除顶芽为叶芽外，侧芽均为花芽，短果枝一般着生在2年生枝的中下部，数量较多，花芽质量高，坐果能力强，果实品质好，是甜樱桃结果的重要枝类。

(5)花束状果枝。花束状果枝的长度很短，年生长量很少，仅生长0.3～0.5 cm，除顶芽为叶芽外，侧芽均为花芽。花束状果枝节间极短，花芽密集簇生，开花时宛如花簇一样。这类果枝是甜樱桃进入盛果期以后最主要的结果枝类型(表5)，花芽质量好，坐果率高。花束状果枝寿命较高，一般可维持7～10年或以上连续结果，在管理水平较高、树体发育较好的情况下，这类果枝连续结果的年限可维持到20年以上。但若管理不当，树体出现上强下弱或枝条密挤通风透光不良时，内膛及树冠下部的花束状果枝就容易枯死，造成结果部位外移。

表5　10年生树不同品种各果枝比率　　%

品种	混合枝	长果枝	中果枝	短果枝	花束状果枝
拉宾斯	12.7	3.8	2.0	7.2	74.3
红蜜	4.6	5.2	6.6	14.8	68.8
红灯	4.4	1.1	7.6	16.1	70.8
大紫	6.6	5.1	7.7	13.2	67.4

续表 5

品种	混合枝	长果枝	中果枝	短果枝	花束状果枝
先锋	16.2	6.9	4.3	5.1	67.5
水晶	4.7	4.3	1.4	14.3	75.3
滨库	6.0	6.8	16.7	12.5	58.0

这几类果枝因树种、品种、树龄、树势的不同所占的比例也有所差异。中国樱桃在初果期以长果枝结果为主,进入盛果期以后则变成以中、短果枝结果为主。甜樱桃的品种如维卡、抉择、那翁、滨库、雷尼以花束状果枝和短果枝结果为主;而早红宝石、大紫、小紫、养老、红蜜等品种以中、短果枝结果为主。甜樱桃初果期树和壮旺树中、长果枝占的比例较大,进入盛果期以后的树或树势偏弱的树短果枝和花束状果枝占的比例就大。随着管理水平和栽培措施的改变,樱桃各类果枝之间可以互相转化。在栽培中,要根据各树种、品种的结果特性,通过合理的土肥水管理和整形修剪技术来调整各类结果枝在树体内的比例及布局,以实现壮树、丰产、稳产的目的。

☞ 32. 大樱桃各类果枝及果量在树冠中是如何分布的?

(1) 各类果枝在产量构成中的作用。不同类型的果枝在产量构成中的作用因品种而异,不同年龄时期也有变化。成枝力强的品种,初果期乃至盛果期的壮树,有相当数量的长果枝和混合枝。它们的结果量,在产量构成上占有重要地位。成枝力弱的品种,主要是花束状果枝上的果实构成产量。

(2)果枝及果量在树冠中的分布。果枝及果量在树冠中的分布,因品种和树龄而异,与修剪技术也有密切关系。成枝力强的品种,其骨干枝的 2～10 年生枝段上,果枝总量随着骨干枝枝龄的增长而增加。结果量在各年段间的分布,也表现相同的趋势,即随着枝龄、枝量的增长而增加。在一些成枝力弱、以花束状果枝结果为主的品种上，果枝及果量在树冠中的分布，比成枝力强的品种要均匀得多。

修剪技术不同时，果枝及果量在树冠中的分布状况也不一样。粗放修剪或放任不剪时，果枝及果量多外移到树冠外围。细致修剪，特别是在经常进行更新修剪的情况下，果枝及果量在树冠中的分布就比较均匀。

☞33. 大樱桃新梢生长有何特点？

樱桃的新梢生长与果实的发育交互进行，生长期较短。甜樱桃的新梢在芽萌动后立即有一个短促的生长期，长成 6 或 7 片叶，成为 6～8 cm 长的叶簇新梢。开花期间新梢生长缓慢，甚至完全停止生长。谢花后，又与果实第一次速长的同时进入速长期；以后果实进入硬核期，新梢继续缓慢生长，果实结束硬核期，在成熟以前，果实发育进入第二次速长期时，新梢生长较慢，几乎完全停止生长；果实采收后，新梢又有一个 10 d 左右的速长期，以后停止生长。幼树新梢的生长较为旺盛，第一次停止生长比成龄树推迟 10～15 d，进入雨季后还有第二次生长，甚至第三次生长。

不同枝类其生长天数不同，花束状枝和短枝只有一次时间很短的生长；中枝也只有一次生长，但生长时间较长；长枝具有多次生长，生长时间较长。

樱桃正常落叶是在 11 月中下旬初霜以后开始。成龄树和充分成熟的枝条能适时落叶，而幼旺树及不完全成熟的枝条落叶较晚。管理不当或受病虫害危害时会引起早期落叶，早期落叶对充实花芽、树体越冬、养分回流及翌年的产量带来极不利的影响，在生产中应注意避免。落叶之后便进入休眠期。

☞34. 大樱桃展叶和叶幕形成有何特点？

樱桃的展叶期，一般比开花期提前 1 周左右，随着新梢的初期生长，叶片逐渐展开，叶面积逐日扩大。谢花后，随着春梢的迅速生长，叶片数量增加，叶面积迅速扩大。至果实硬核期前后，叶面积的增长速度渐趋减缓。春梢中下部的叶片，一般在 5 月中下旬停止生长；新梢中上部的叶片，随着新梢生长依次展出。叶面积的扩大，多随着新梢加长生长的停止而停止。花束状果枝上的叶片，其生长节奏及最终叶面积大小，一般与长枝春梢基部的 1～3 片叶相近。

大樱桃全树的叶片数量和总叶面积，在北方落叶果树中，属于中等类型，低于苹果、梨等仁果类果树，而高于桃、李和杏等核果类果树。

叶幕在树冠中的分布方式，因品种和整形方式而不同。一般成枝力强、离心生长迅速的品种，树冠中外部的叶幕量大；成枝力弱、离心生长缓慢的品种，叶片在树冠中的分布则比较均匀。层性明显的品种和树形，整个叶幕层性分布明显；层性差的品种，以及放任生长的树，则叶幕的层性分布也差一些。

☞35. 大樱桃的花器特点及开花特性是怎样的？

(1)花器特点。大樱桃每个花芽中有 1～5 个花朵，多为 2～3 朵，是一个小花序，能坐 1～3 个果。大樱桃的花通常有四种类型：雌蕊高于雄蕊、雌雄蕊等长、雌蕊明显低于雄蕊、雌蕊缺如，前两种情况可以正常坐果，后两种情况不能坐果，为无效花。与其他落叶果树相比，大樱桃花粉量少。

(2)开花特性。樱桃从花芽萌动到花瓣脱落一般分为花芽膨大期、露萼期、露瓣期、初花期、盛花期和落花期6个阶段。樱桃当日平均气温达到12℃以上时开始开花，花期通常持续7～14 d。樱桃开花的迟早和花期的长短常因品种、树龄、树势、果枝类型以及天气情况的不同有所差异。从不同树龄、树势看，一般幼树、壮树花期较晚，大树、弱树花期较早。在同一株树上，一般树冠下部的花先开，中上部后开；花束状果枝、短果枝的花先开，长果枝、混合枝上的花后开。另外，春季温度高的年份开花早，花期较短；春季温度低的年份开花晚，花期较长。

樱桃开花期早，对其影响较重的是早春霜冻。由萌芽、开花到果实生长的不同发育时期对低温的耐力不同，其致害临界温度为：花蕾期 −1.7℃，开花期和幼果发育期 −1.1℃。在樱桃开花期应注意防寒、防霜，并做好防旱、防风准备，以保障樱桃正常萌芽开花。

☞ 36．大樱桃是如何授粉受精的？

一般樱桃开花后数小时花药即破裂释放出花粉。花在开放4 d之内雌蕊柱头保持授粉能力最强，5～6 d授粉能力中等，7 d后已几乎无授粉能力。大多数大樱桃品种自花结实率很低，可通过人工、蜜蜂和壁蜂等协助完成授粉。

樱桃从开花、传粉到授粉全过程约需48 h，有时则可能延长到2～3 d。樱桃授粉过程中。只有具亲和性的品种的花粉落到柱头上才能萌发，花粉萌发后，原生质连同其内壁从萌发孔向外突出，然后伸长成为花粉管；花粉管萌发后，一般在2～3 d内就能经过柱头的细胞间隙进入花柱，然后再需要2～4 d才能穿过中果皮到达胚珠，从珠孔经珠心进入胚囊；在胚囊中花粉管顶端破裂，放出两个精子，其中一个精子与卵细胞结合形成合子，以后发育成胚；另一个精子与两个极核精子结合发育成胚乳。

☞37. 大樱桃果实发育有何规律?

从授粉受精后子房开始膨大至果实成熟,是樱桃的果实发育期。樱桃的果实发育期很短,通常需要30～50 d。这一时期的长短因栽植区域、品种不同而存在一定的差异。一般早、中熟品种30～40 d,晚熟品种也只有40～50 d。樱桃的果实发育过程呈双S曲线,有两个迅速生长期,中间有一个缓慢生长期。

(1)速长期。从子房膨大到果核开始木质化之前为樱桃果实第一次迅速生长期,可持续8～15 d,主要特征是子房壁、胚、胚乳迅速发育,果实迅速膨大,果核增长至果实成熟时的大小。

(2)硬核期。为核硬化和胚发育期,根据品种的不同可持续10～20 d,主要特征是果核木质化,果实生长缓慢,而胚和核壳迅速生长,胚不断发育充实,核壳逐渐硬化,光合同化物主要用于种子消耗。

(3)硬核到果实成熟。是果实的第二次迅速膨大期,同时果实着色,历时约15 d,此期果实重量和体积迅速膨大,特别是横径加速增大,果重增幅、可溶性固形物含量均达到最高值。据测定,此期增加的果实重量占总重量的50%～70%。

四、大樱桃苗木的繁育

☞38. 如何选择苗圃地?

大樱桃苗圃原则上应设在需要苗木的中心地带,尽量减少运输距离。在具体确定苗圃地点时,应重点考虑以下因素。

(1)地势。应选择背风向阳、日照良好、稍有坡度(坡度不大于5°)的倾斜地。因坡地易排水,雨季不积水,秋季苗木能及时停长,增加枝条成熟度,有利于苗木安全越冬。坡度大的地块,应先修筑梯田。平地苗圃水位宜在1～1.5 m或以下,并且一年中水位升降变化不大。地下水位过高的低地,要做好排水工作,否则不宜做苗圃地。低洼盆地不但易汇集冷空气形成霜眼,而且排水困难,易受涝害,不宜选做苗圃地。

(2)地点。大樱桃苗圃忌用重茬地,种过樱桃以及桃、杏等核果类的地方不宜育樱桃苗,以免传染根癌病;一般菜园地也不要利用,因其病菌多,土壤中能传染病菌的线虫也多,而且大樱桃也容易感染土传病害。另外,水源不要通过有根癌病的土壤,以免由水带来病菌,引起根癌病。

(3) 土壤。以pH 5.6～7的沙质壤土最为适宜。因其理化性质好,适于土壤微生物的活动,对种子发芽、幼苗生长都有利,而且起苗省工,伤根少。

(4)灌溉条件。种子萌芽和苗木生长,都需要充足的水分供应。幼苗生长期间根系浅,耐旱力弱,对水分要求更为突出,如果不能保证水分及时供应,会造成停止生长,甚至枯死。尤其在我国北部地区容易发生春旱，必须有充足的水源。此外，还应注意水质，大樱桃对水质的要求较其他树种严格，勿用影响苗木生长的污水灌溉。

☞ 39. 苗圃地如何规划?

应本着便于耕作管理和经济利用土地的原则进行苗圃地的规划，规范化的苗圃应包括母本园、采穗圃和繁殖区三大部分，并根据实际情况规划道路、排灌溉系统及苗木分级包装场地、防护林、必需的房舍等。

(1)母本国。主要是用来保存优良的种质资源，防止种性的退化、病毒的感染，作为下一级母本园或采穗圃的繁殖材料来源。对于无病毒苗木的繁育，母本园应该采取比常规苗木繁育的母本园更为严格的管理措施，如建立防护网等；在生产中还应该严格进行分类管理，如国家级母本园、省级母本园等。

(2)采穗圃。主要是为生产上提供良种繁殖材料，如优良品种接穗、自根砧木繁殖材料等。

母本园、采穗圃应和砧木、品种的区域化要求相一致；保证无危险性病虫害和潜在的病毒；对繁殖材料进行编号登记，绘制详细的平面图并建立相应的档案，保证品种类型正确无误。母本园和采穗圃的大小根据苗圃的规模来确定。

(3)繁殖圃。根据所培育苗木种类分为实生苗培育区、自根苗培育区和嫁接苗培育区。为了耕作和管理方便，最好结合地形采用长方形划区，长度不短于 100 m，宽度可为长度的 1/3～1/2；也可以以每 666.7 m^2 为单位进行区划。繁殖区必须有计划地进行轮作换茬，避免连作。培育同一种苗木间隔期至少 2～3 年，必要时也可经土壤消毒后再用。

40. 苗圃地如何整地、施肥?

(1)土壤深翻。播种以前,最好是头年秋冬季节进行土壤耕翻,耕翻深度至少应在 20～25 cm,保证苗圃地有足够的活土层,而且可以利用冬天的低温冻死一部分在土壤中越冬的害虫。

(2)土壤消毒。如苗圃地前茬作物对大樱桃育苗不适宜,应对土壤进行消毒。土壤消毒的主要方法有:

①熏蒸消毒法:利用 7～8 月份高温季节的太阳热能,进行土壤消毒。先清除田间杂草杂物,喷洒杀虫剂和杀菌剂以及甲醛等土壤熏蒸消毒剂,翻耕后于土表用无破洞的农用膜严密覆盖。膜下温度最高可达 65℃,高温促使农药蒸发以达到消毒作用。

②药液消毒法:将药剂用清水稀释成一定浓度的药液后,用喷雾器喷施于土壤表层,或直接浇灌到土壤中,使药液渗入到土壤深层,杀死土壤中的病菌。喷施法处理土壤适宜大田、育苗营养土等。常用药剂有多菌灵、百菌清等。

(3)施肥。为保证苗木生长健壮,应加大基肥的施用量,逐步增加土壤的有机质含量。施肥应注意以下几点。

①基肥量要足,并以有机肥为主。每 666.7 m^2 施用优质农家肥应不低于 5 000 kg,为增加基肥的有效成分,可同时混入速效氮、磷、钾肥料,如尿素、碳酸氢铵、过磷酸钙、草木灰等。

②农家肥一定要经过充分腐熟,否则易引起肥害“烧苗”和芽枯病。

③基肥要与土壤充分混合,深度应在 15～20 cm 的土层内,以保证肥料的有效利用。

☞ 41. 繁育大樱桃苗木常用的砧木有哪些？

(1)中国樱桃。通称小樱桃，北自辽南，南到云南、贵州、四川各省都有分布，以山东、江苏、安徽、浙江为多。中国樱桃为小乔木或灌木，分蘖力极强，自花结实，适应性广，耐干旱抗瘠薄，但不抗涝，根系较浅，须根很发达。作为砧木，嫁接苗木根系的深浅、固地性大小、不同种类有所差别。种子数量多，出苗率高，同时扦插也较易生根，嫁接成活率高，进入结果期早，但由于根系浅，遇大风易倒伏。中国樱桃较抗根癌病，但病毒病较严重。目前生产上常用的有以下几种。

①大叶草樱桃：烟台地区常用的一种砧木。当地草樱桃有两种，一种是大叶草樱，另一种是小叶草樱。大叶草樱叶片厚，根系分布较深，毛根较少，粗根多，嫁接甜樱桃后，固地性好，长势强，不易倒伏，抗逆性较强，寿命长，是甜樱桃的优良砧木。而小叶草樱叶片薄，分枝多，根系浅，毛根多，粗根少，嫁接甜樱桃后，固地性差，长势弱，易倒伏，而且抗逆性差，寿命短不宜采用。

②莱阳接矮桃：主要特点是树体矮小、紧凑，仅为普通型樱桃树冠大小的2/3。树势强健，树姿直立，分枝较多，节间短，叶片大而厚。由于其矮化特性，很适宜在塑料大棚中栽培。用莱阳矮樱桃嫁接甜樱桃，亲和力强，成活率高。1年生的嫁接苗，生长量比较小，有明显的矮化性能，但随树龄增加，矮化效果不明显，且有小脚现象，有的园片树龄不大就已发现有病毒病症状，所以能否广泛利用，尚需进一步观察。

③北京对樱桃：在辽宁本溪、河北北部及山东昆嵛山区有野生分布，是辽宁旅顺、大连地区主要利用的砧木。对樱桃主要用种子繁殖，硬枝扦插不易生根，嫩枝扦插容易生根。用实生砧嫁接甜樱桃表现亲和力强，根系发达，抗寒性强，嫁接苗生长势旺，但易感染

根癌病。

（2）山樱桃。又名青肤樱，山豆子。在辽宁本溪山区和山东昆嵛山区有野生分布，是辽宁旅大地区的主要砧木，也是日本甜樱桃的主要砧木。为乔木或小乔木，变种类型甚多。主要用种子繁殖，也可扦插繁殖。适应性强，抗旱抗寒。主侧根皆较发达，与甜樱桃亲和力强。表现固地性较好，生长健旺，结果良好，但也容易感染根癌病。

（3）毛把酸。是欧洲酸樱桃的一个品种，为灌木或小乔木，树冠矮小，树势强，叶片小；毛把酸种子发芽率高，根系发达，固地性强；实生苗主根粗，细根少，须根少而短，与甜樱桃亲和力强。嫁接树生长健旺，树冠高大，属乔化砧木，丰产，长寿，不易倒伏，耐寒力强。但在黏性土壤上生长不良，并且容易感染根癌病。

（4）考脱（Colt）。英国东茂林试验站 1958 年用欧洲甜樱桃和中国樱桃杂交育成，于 1977 年通过鉴定而推出无病毒的无性系砧木。嫁接甜樱桃后从定植后 4～5 年这段时期里，树冠大小和普通砧木无明显差别，以后随树龄的增长，表现出矮化效应，其生长量与马扎德实生砧木相比要矮化 20%～30%，目前是欧美各国的主要甜樱桃砧木之一。

1986 年在山东省临朐县中国北方果树苗木繁殖场用组织培养及嫩枝弥雾扦插进行大量繁殖苗木，并嫁接甜樱桃的优良品种，1990 年前后分别在临朐县城郊、北京市十三陵农场、北京顺义区高丽营镇和马坡乡等地发展了数百公顷。目前看甜樱桃生长结果表现良好，表现出根系十分发达，特别是侧根及须根生长量大，固地性强，较抗旱和耐涝；嫁接亲和力好，成活率高；一般品种接后 3 年即可开花结果，5 年后进入盛果期，6 年生树最高产量达 27.5 kg，7 年生树达 43 kg。在十三陵农场进行比较，用中国樱桃嫁接的樱桃树，生长、结果不整齐，每年都有一部分树萌芽晚而死亡；而考脱砧木，生长和结果都非常整齐，没有死树。同时用考脱砧木嫁接的甜樱桃成熟期早，个头大，品质好，例如在北京的考脱砧红灯品种成熟期在5月23日左右，单果重多数在10.0 g以上，而且味浓，甜酸适口。考脱砧木的缺点是不抗根癌病，在山东烟台有些地区根癌病比较严重，这和育苗时苗木带病以及土壤中有菌等因素有关，而在山东省临朐县中国北方果树苗木繁育场早期生产的樱桃苗，从近10年的表现看基本上没有这类问题。

(5)马哈利樱桃。国外几十年前多用马哈利樱桃作甜樱桃的砧木，我国大连地区也有应用。该砧木根系发达。耐旱，适应性强，种子出苗率高，生长健壮，有矮化作用，结果较早。但在黏土地上表现不良，嫁接亲和力较差，20年后常表现早衰。

(6)Gisela。Gisela系列甜樱桃砧木由德国Justus liebig大学育成，对甜樱桃有明显矮化作用，比传统的马扎德砧矮20%～60%，现已在欧美国家广泛应用，刘庆忠(1999)研究表明该系列砧木抗根癌病的能力强于Colt砧。

除德国培育的Gisela砧木外，近年来，其他国家也相继培育出了适于本国生态条件的砧木类型，包括美国的MM系，比利时的GM系，英国的F系及苏联的BH等(表6)。

表6　国外培育的甜樱桃砧木

国家	砧木名称	亲本(或来源)	特　性
美国	$M\times M_2$	马哈利×马扎德	抗根癌病、溃疡病、根腐病、固地性好
	$M\times M_{39}$		矮化，亲和力强，早果，抗根癌病
	$M\times M_{60}$		早果，丰产，适应性强，对根癌病有抗性
	斯托克里顿黑樱桃		对茎纹孔病毒敏感，但对根癌线虫免疫
	Maxma Delbard 14Brokforest	*P. avium* × *P. mahaleb*	早果，矮化效果好，适应性强
	FR-1,3,4,5,6,8		耐寒，早果，矮化，但幼树易发生根蘖

续表 6

国家	砧木名称	亲本(或来源)	特　性
比利时	$GM_{61/1}$ (Damil)		矮化早果,生长势弱
	GM_9	*P. incisa* × *P. serrule*	其中 GM_9 砧树体最小,其余 4 个为矮化砧,无性繁殖。GM_9,GM_8,GM_{79} 可作为酸樱桃砧木,矮化程度高,亲和力强
	GM_{79}	*P. caresens*	
	GM_8		
	GM_{61}	*P. dawyskensis*	
	GM_{156}	*P. serrulata* daikoku	
英国	F12/1	东茂林试验站的无性系砧木	抗假单胞菌属细菌引起的溃疡,抗寒力差
	Charger		抗细菌性溃疡,不具矮化性
	ab		主要用于观赏樱桃
苏联	Vp-1	西伯利亚樱桃几个单系	耐旱,早果,矮化,抗叶斑病
	樱砧一号(BH-1)		抗穿孔病,抗寒,亲和性好,固地性好
	Vladimir		半矮化,固地不牢,易发生根蘖

☞ 42. 如何用扦插法繁殖大樱桃砧木?

扦插育苗有两种:一种是硬枝扦插,即利用 1～2 年生的休眠枝在春季扦插;另一种是嫩枝扦插,是利用半木质化带叶的新梢进行扦插。对于容易生根的种类可以硬枝扦插,生根较困难的树种,硬枝扦插一般不易成功,可以进行嫩枝扦插。

(1)硬枝扦插。生根较容易的中国樱桃可用此法。在冬季封冻前,剪取幼龄良种树上的 1～2 年生健壮的枝条,用湿沙埋在沟内。也可以春季随采随剪随插。扦插以前,将枝条剪成 15～20 cm 长的插穗,上端剪平,保留 1 或 2 个饱满叶芽,下端剪成斜面，剪好后，将枝条下端浸泡于 100 mg/L 生根粉溶液中 4～6 h 后进行扦插。

扦插的适宜时间在春分前后树液开始流动以前，扦插过晚成活率显著降低。

用来扦插的苗圃地可整成高垄，垄高出地面 10 cm，垄与垄之间是 40 cm，枝条插在垄背上，株距 15 cm。插条用直插，使插条顶端略低于土面。每 666.7 m^2 插条 7 700 多根。插完后立即灌水，水灌入垄与垄之间的沟内，使水向上渗透到垄背。天气干旱时每隔 5 d 要浇 1 次水，要保持插条湿润，从形态上看，插条一般都先发芽后长根，所以发芽后更不能断水，每次灌水后要随即中耕保墒，这是确保插穗生根、成活的关键。一般 1 个月后根能长出来。

当插穗顶端新梢生长到 20 cm 左右时，追施 1 次速效氮肥，每 666.7 m^2 施尿素 15 kg 或人粪尿 1 000 kg。施肥后灌水，以尽快发挥肥效。到 7 月底 8 月初苗木加长生长减缓而加粗生长加快时可再追施 1 次速效氮肥，以促使苗木增粗。8 月底 9 月上旬当苗木直径达到 0.5～0.7 cm 时即可进行芽接。

(2)嫩枝扦插。嫩枝扦插的优点是由于枝条带叶子，叶子可以制造有机营养并产生植物激素，促进下部伤口生根，同时嫩枝细胞容易产生根原基，所以，只要条件合适，嫩枝扦插比休眠枝扦插容易成活。但是带叶子扦插，由于枝条还没有生根，不能吸收水分供叶子蒸发的需要，所以叶子容易萎蔫而死亡，这是嫩枝扦插要解决的第一个难题，第二个难题是正在生长的嫩枝生命活动旺盛，所以插床的基质必须要通气，保证伤口呼吸作用需要的氧气。目前常用的基质有河沙、蛭石、锯末、草炭等。嫩枝扦插目前采用的方法有塑料棚保湿法和间歇喷雾法。

①塑料棚保湿法：插床基质一般用细河沙，带叶枝条是从树上剪取当年生旺枝，先浸泡在清水中以防叶子萎蔫。插条长 10～15 cm，下部在节的部位剪一个马耳形切口，枝条下部约 5 cm 处叶

片剪除，上部留 2 片或 3 片，如果叶子大则要剪去一半，以减少水分蒸发。

在扦插之前伤口用激素处理，可用生根粉 100 mg/L 或吲哚丁酸、萘乙酸 50 mg/L 溶液中浸泡 1～2 min，而后取出插条。插入基质中 3 cm，插完后喷水，而后盖上塑料棚，目的是保持空气湿度，但是夏季阳光射入塑料棚内温度则过高，为此塑料棚可建在树阴下或者上面盖遮阳网。而光照又不能太弱，要保持空气湿润，相对湿度在 90% 以上，温度在 15～30℃，光照较好，一般在 3 000 lx 以上；每天中午打开塑料棚膜，用喷雾器喷水 1 或 2 次，而后再盖上，塑料棚膜也可以喷水降温。一般扦插后 20 d 可以生根，即逐渐打开薄膜进行通风和锻炼，1 个月后可以移苗。

②间歇喷雾法：用塑料棚能解决空气湿度问题，但是很难解决光照和温度的矛盾，要做到光照强，温度又不高就很困难，间歇喷雾全光照插就解决了这个问题。这种方法可以将嫩枝插条在太阳光直接照射下，利用田间喷雾，喷湿叶面，保持叶子不萎蔫，所以这种方法又叫全光育苗。当叶面没有水珠时即进行喷雾，当叶面湿润并有水珠淌下时即停止喷雾。

间歇喷雾持续时间和间歇时间可以用电子叶来自动控制。当喷雾时，电子叶上有水而使电流接通，控制仪能使电磁阀关闭，即停止喷雾；当电子叶水分蒸发后电路即不通，控制仪能使电磁阀打开即又喷雾。电子叶面平放在扦插枝条中间，代表叶面的实际情况。

这种方法不必要蔽荫，光照强能促进叶子光合作用，有利于生根，同时插床温度和气温一致，适合于枝条的正常生命活动。

以上塑料棚保湿法和间歇喷雾法产生的生根苗，一般从插床中很难直接移到大田中，还需要先移到装有花卉营养土 2 份，沙子 1 份混合好的营养钵中，在荫棚中过渡 10～15 d 后，选择阴雨天气再移栽到大田中。也可以先将基质装在塑料营养钵中，再在钵中绿枝扦插，而后放在间歇喷雾条件下，等生根后选择阴雨天气直接移栽大田中。

43. 如何用分株法繁殖大樱桃砧木?

分株育苗的圃地选择、耕作及施肥，均与扦插育苗相同。分株栽植的适宜时间，也是"春分"(3 月下旬)前后。

分株用的"母苗"，可由草樱桃大树的根蘖上采集，也可由不够嫁接粗度的扦插苗获得。只要是带根的(哪怕是只有极短小的少量根)，就可供分株育苗使用。

分株育苗的具体方法是，将分蘖苗由分根处劈下，按 7～8 cm 株距，70～80 cm 行距栽植。栽后，留 20 cm 高剪断，随灌大水"坐苗"。其后的管理措施，如灌水、中耕、培土和施肥等，均与扦插育苗相同。

分株育苗繁殖系数较高。一般每株母苗当年可分生 6～7 株砧苗，少数 2～3 株。分株当年 6 月份，每株母苗上一般有 1～2 株砧苗达到芽接粗度，可以进行芽接，当年出圃。部分砧苗可待 8～9 月份芽接，生产半成品苗。当年不足芽接粗度的，翌春可再分株移栽，继续繁殖砧苗。分株苗分根以下的母苗部分，春季可行劈接。这样，应用分株法繁育砧苗时，当年一般每公顷可出圃成品苗 7.5 万～9 万株，生产半成品苗(芽苗)18 万～22.5 万株，分株砧苗 7.5 万株左右。翌春，还可生产部分劈接苗。

44. 如何用压条法繁殖大樱桃砧木?

压条育苗，常采用堆土压条、水平压条和埋干压条三种方法。堆土压条法，与分株育苗相近似，不再赘述。这里只介绍水平压条和埋干压条两种方法。

(1)水平压条。水平压条,多在7～8月份雨季进行。压条时,将靠近地面的、具有多个侧枝的2年生萌条,水平横压于圃地的浅沟内,然后覆土。覆土厚度,以使侧枝露出地面为度。翌年春季,将生有根系的压条分段剪开,移栽后,供嫁接用。

(2)埋干压条。春季,在圃地内按50 cm行距,开深10～15 cm的浅沟,将砧苗顺沟栽植,覆土后踏实根部。将苗茎顺沟压倒,其上覆土厚2 cm,灌足底水。砧苗成活后,萌发大量萌条。当萌条生长到高10 cm左右时,在其基部培土,促使生根。秋季落叶后,将苗木刨起,按株剪开即可。采用这种方法,一般每株埋干苗,可繁殖砧苗4～5株。

压条繁殖时,圃地的整理、施肥和灌水等,与扦插育苗相同。

☞45. 如何用实生苗法繁殖大樱桃砧木?

(1)种子采集和处理。供作取种育苗用的砧木果实,要在充分成熟时采收。采果后,食用取种,或水中搓洗取种均可。取种后,立即将种子浸入水中,以免内种皮干缩,降低发芽率。接着,把种子在水中搓洗,弃去果肉和漂浮的秕种,将沉底的种子捞出,立即进行沙藏层积。

层积种子的地方,宜选择在背阴、冷凉、不积水处。层积前,要挖好层积坑,一般坑深1 m左右,大小视种子数量而定。层积时,先整平坑底,铺撒一层厚约1 cm的湿沙(含水量以手握成团、落地即散为宜),其上单粒平摆一层种子。如此一层沙、一层种地层积,至稍低于地面时,顶部盖草保湿。翌年4月上旬土温回升时,将种子从原层积处取出,移至深为0.5 m的坑内层积,促使萌芽。4月中旬当种子胚根“露白”时,取出播种。未萌发的种子继续层积,至“露白”时再播种。

烟台大樱桃产区,采取“夏层积,冬冷冻,春催芽”的种子处理方法，收到了早发芽、出苗齐的效果。夏层积，就是夏季先将种子放在1 m深的坑中，按沙、种1∶3的比例沙藏。冬冷冻，就是12月份土壤封冻后，将夏季沙藏的种子取出放在地面上，使种子在湿沙中自然结冰。春催芽，就是春季3月上旬将冷冻过的种子，移至蔬菜阳畦内促使萌动，3月下旬种子“露白”时，出苗率一般在70%以上。

研究认为，不同种类的樱桃，需要的层积时间并不一样。中国樱桃需100～180 d，甜樱桃需150 d，酸樱桃需200～300 d，山樱桃需180～240 d。一般认为，种皮是引起樱桃种子休眠的主要原因。种皮内可能含有一些化学抑制物质，去掉种皮后，种子当年就能萌发成苗。内果皮(核壳)与种子休眠也有一定关系。去掉内果皮后，会大大缩短层积时间。有鉴于此，樱桃种子不一定必须采用常规层积才能萌发，采用温水浸泡法，即将洗净的种子，敲碎核壳，取出种仁，在40℃温水中，搅拌浸泡，待水温降至20℃，继续浸泡24 h后取出，即可播种。Carrera等(1986)去掉圆叶樱桃种子的种皮，萌芽率可达100%。辛力等(1985)将中国樱桃和甜樱桃的种皮去掉后，萌芽率分别为72.2%和50%。另外，应用生长调节剂GA_3和普洛马林的50～300 mg/L液，浸泡樱桃砧木种子6～48 h，萌芽率可高达80%～90%。这些方法，可以代替种子的常规层积。

(2)圃地整理和播种。圃地宜选择沙质壤土。播种前，每公顷撒施细碎厩肥52.5～60 t，深刨20 cm，整成宽约70 cm(包括畦埂)的长畦。畦埂一大一小相间，大埂宽40 cm，以便田间操作。播种前5 d，放水漫灌。播种时，按行距30 cm沿畦向开沟，沟深约20 cm，每畦2行。把出芽种子撒在沟内，然后覆上细土，与畦面平。每公顷播种量150 kg，约30万粒。

(3)播后管理和移栽。播种后天气干旱时，可由行间扒土，在垄上稍加覆土保湿。待幼芽顶土时扒去覆土，以利出苗。切忌畦面灌水，以免表土板结，降低出苗率。播种后 0.5 个月，当幼苗出土时，若天气干旱可用喷壶喷水，以免幼芽“落干”。幼苗出土后至嫩茎木质化期间，要控制灌水，适当进行“蹲苗”。6 月上旬嫩茎木质化后，要加大肥水，促使苗木生长。一般在 6 月中旬、7 月中旬和8 月中旬，各追施一次速效氮肥，每次每公顷施用尿素 280～375 kg。追肥，要随水进行，或雨后抢施。灌水和降雨后，要及时中耕保墒。8 月中旬以后，不再追肥、灌水，以利苗茎充实。

砧苗落叶后，一般在 11 月份进行分株移栽。移栽前，圃地要施足基肥，一般每公顷撒施细碎厩肥 52.5～60 t。撒后深刨 20 cm 左右，使粪、土混匀。

砧苗起出后，先根据其高矮、粗细分级。然后剪断茎干，大苗留高 20 cm，小苗留高 10 cm 左右。同时剪去部分主根，以便于栽植。

栽植时，要先定好行距。行距宜大、小相间，大行的行距约 60 cm，小行的行距 50 cm 左右。然后，沿行开沟，按 20 cm 株距栽植。栽植后，随即沿苗行覆土起垄，覆土厚度 5～10 cm。同时，沿垄放大水漫灌，以免越冬期间苗木“抽干”。

翌春化冻后，放一次大水漫灌。灌水后，锄地保墒。苗木发芽后再浇一水，锄平苗垄，以利新梢生长。5～6 月份天气干旱时，要勤浇水、勤锄地。6 月中旬和 7 月中旬，各追施一次速效性氮肥，每次每公顷 250 kg 尿素，促进苗木生长。7 月份苗径粗度达到 0.5 cm 以上时，即可接芽。生长较弱的苗木，可在 8 月份再追施一次尿素，促进加粗生长。

☞ 46. 如何用组织培养法繁殖大樱桃砧木?

组织培养大樱桃砧苗，主要包括茎尖组培和胚培两种方式。

(1)茎尖组培

①配制培养基:培养基是茎尖组培的主要基质。根据培养基的用途,常分作分化诱导、增殖、生根三种配方。常用的基本配方,为 MS 培养基。为了减少培养基制备过程的工作量,便于培养基的低温保存,须先配制成比使用浓度高 10～100 倍的母液。

配制母液时,要用纯度较高的水,药品要用等级高的化学纯或分析纯,称量和定容要精细、准确。先用重蒸馏水按表 7 的基本配方,将各种药品分别充分溶解后,再混合配制成母液。

表 7　MS 培养基母液的配方

	成　分	含量(mg/L)
母液Ⅰ	NH_4NO_3	33 000
	KNO_3	38 000
	$CaCl_2 \cdot 2H_2O$	8 800
	$MgSO_4 \cdot 7H_2O$	7 400
	KH_2PO_4	3 400
母液Ⅱ	KI	166
	H_3BO_3	1 240
	$MnSO_4 \cdot 4H_2O$	4 460
	$ZnSO_4 \cdot 7H_2O$	1 720
	$Na_2MoO_4 \cdot 2H_2O$	50
	$CuSO_4 \cdot 5H_2O$	5
	$CoCl_2 \cdot 6H_2O$	5
母液Ⅲ	$FeSO_4 \cdot 7H_2O$	5 560
	$Na_2EDTA \cdot 2H_2O$	7 460
	分别溶解于 450 mL 蒸馏水中,加热搅拌。混合后,调 pH 至 5.5,加入蒸馏水定容至 1 L	
母液Ⅳ	肌醇	20 000
	烟酸	100
	盐酸吡哆素	100
	盐酸硫胺素	100
	甘氨酸	400
	制备 1 L 培养基,取母液Ⅰ 50 mL,母液Ⅱ、母液Ⅲ、母液Ⅳ各 5 mL	

续表 7

成　分		含量(mg/L)
母液V	IAA、2,4-D、NAA、GA_3 各 10 mg,加少量无菌水或 0.1 mol/L NaOH 溶解,定容至 100 mL,配制成 0.1 mg/L 的母液。 IBA 100 mg 用 95% 酒精溶解,定容至 100 mL,配制成浓度为 1 mg/mL 的母液。 间苯三酚 2 000 mg,加入 10 mL 重蒸馏水,放入高压锅内加热至 120℃,15 min,取出后定容至 100 mL,配制成 20 mg/mL 的母液	

注:Mursashige and skoog,1962。

配制培养基时,先按一定比例(0.6%～0.8%)称取琼脂,用配制数量约 1/2 的水加热溶解。琼脂溶解后,经纱布过滤去除滤渣。在量筒中顺序加入所需要的几种母液,再加入蔗糖(或单晶冰糖)。搅拌溶解后,加入已溶解的琼脂,并用蒸馏水粗略定容,以补充加热时蒸发损失的水分。然后,用 1 mol/L NaOH 或 1 mol/L HCl,调节 pH 至 5.0～5.8。

②培养基的分装和灭菌:配制好的培养基,在温度低于 40℃时,琼脂就会凝固。因此,应趁热将培养基注入试管或三角瓶中。分装量,依培养时间的长短和增殖速度的快慢确定,一般为容器体积的 1/6～1/4。分装后,加上塞子或盖子,进行灭菌、消毒。灭菌,在高压灭菌锅中进行。灭菌条件,一般为 88.26～107.9 kPa,15～20 min 为宜。培养基灭菌时,压力不宜太大,时间不宜太长,以免培养基中的激素分解、破坏。

③培养材料的选取和消毒:用作茎尖培养的材料,最好选择生长期的新梢,摘取新梢顶端长 2～3 cm 的部分,剪除叶片后,即可进入消毒步骤。

培养材料消毒时,先在自来水中冲洗 20～30 min,然后,在 70% 酒精中浸泡 10 s,再在消毒剂中进行表面消毒。大樱桃常用的消毒剂有安替福民、新洁尔灭、过氧乙酸和氧化汞等。覃兰英等(1987)用 0.1% 新洁尔灭浸泡培养材料 20～30 min,再在 1%～

3% 过氧乙酸中消毒 2～10 min，最后用灭菌水冲洗 3 次，使污染率低于 5%。

为了达到彻底灭菌的效果，培养材料表面消毒时，最好在带盖的玻璃容器中进行。消毒时，充分上下摇动，使消毒剂渗入叶腋和幼叶茸毛包被处的内面，使充分接触组织表面。

④茎尖切取和接种：经过表面消毒的培养材料，剥去芽的外鳞片，即可进行茎尖切取。切取茎尖时，要在双目解剖镜下进行组织分离。用灭过菌的特制小刀，将茎尖上的幼叶和叶原茎一片片地去除，切下已露出的生长点顶端 0.5～2 mm 长，迅速接种到已灭过菌的 MS 培养基上。

⑤诱导分化和继代培养：培养条件对茎尖培养的效果有重要影响。培养条件包括培养室条件和培养瓶内条件等两个方面。培养室条件主要有温度、光照和湿度等；培养瓶内条件，主要是培养基组分、渗透压、pH、氧气及其他气体成分等。

中国北方果树苗木繁育场(1989)在 MS 培养基中，附加 6-BA 0.5～1.0 mg/L，随着 6-BA 浓度的增加，考特砧苗芽的分化数增加。一般以 0.5 mg/L 比较合适，接种 20 d 后，芽可增殖 5 倍左右，平均生长高度 2 cm。为了取得芽分化和生长得更好效果，在 MS 培养基中，附加 6-BA 0.5 mg/L、IAA 0.1～0.2 mg/L，接种 1 个月后，Xespyc 樱桃每个芽的分化数达 3～10 个，平均高度 3～4 cm。在中国樱桃芽的分化和增殖过程中，需隔代在培养基中加入 6-BA 0.5 mg/L＋GA_3 0.1 mg/L，以提高成苗率。

诱导分化和增殖培养中，温度宜稳定在 25℃左右，光照强度 2 000 lx，每天照光时间宜为 8～12 h。

⑥诱导生根和移植：继代培养的小苗，可直接转入生根培养基中诱导生根。生根培养基的配方，在培养考特砧苗时，为 1/2 MS＋IBA (0.2～0.5)＋IAA 0.5。中国科学院植物研究所(1990)的试验表明，在上述培养基中培养，经过 2 周，根原基即开始分化，

3周后能长出3～8条根，生根率为100%。中国樱桃在1/2MS+IAA 1.0的培养基中，生根率达98%以上。

茎尖培养的生根苗，移栽时，有四个方面发生很大的变化：一是由异养到自养。试管苗在试管中，尽管也能部分进行光合作用，但主要的还是从培养基中吸收营养，由试管内移入土壤后，就须完全依靠光合作用进行自养。二是由弱光到强光。人工组培条件下，光照弱，温度适宜。移入自然条件下，光照强，温度变幅较大。三是由高湿到低湿。组培条件下，空气的相对湿度，通常在90%以上，移入土壤后，空气湿度会明显下降。四是由无菌到有菌。

因此，茎尖组培苗移栽时，要仔细操作，分步进行。中国科学院植物研究所(1989)在试管苗根长1 cm以上时，打开瓶盖，在自然光条件下锻炼3～5 d，移栽于河沙与蛭石比例为2∶1的基质中，白天温度控制在22～25℃，夜间12～15℃，昼夜温差10℃左右，每天喷布一次N、P、K比例为1∶1∶1的三元复合肥75 mg/L液，取得很好的效果。

第一次移栽后20～30 d，进行第二次移栽，将幼苗移栽到以菜园土、草炭土、厩肥为基质的营养钵中，浇透水，苗高10 cm以上时，移入大田栽植。

(2)胚培法。早熟樱桃品种果实发育期短，种胚发育不充实，常规播种发芽率低，可胚培繁殖。胚培时，在MS培养基中加入10 mg/L 6-BA和0.02%活性炭，不经低温处理直接进行培养。培养0.5个月后，即可获得生长正常的试管苗。胚培试管苗成苗快，萌芽率高，比常规法提早10个月左右。试管苗移栽，多在5月中下旬进行。移栽时气温已高，要精心管理，以保证较高的成活率。胚培法程序较复杂，成本也高，目前多应用于杂交育种，在大樱桃砧苗的繁育中尚未应用。

47. 如何准备和贮藏良种接穗？

应该从专用的采穗圃中采集接穗，以保证品种纯正。如没有专门的采穗圃，需要从生产园中采取接穗时，应在无病虫害的壮树上，选取发育充实的当年生枝作接穗，不要用树冠内膛的瘦弱细枝。生长季节采穗，采后随即将叶片剪掉，只留 1/3 长的叶柄，随采随用。一时用不完的接穗散放在阴凉处，插在湿沙里，上盖一层湿布，这样可以保存 3～4 d。休眠期的接穗，有条件的可以贮藏在 0℃左右的冷风库中，通常的做法是根据当地的冻土层厚度挖深 50～80 cm 的贮藏沟，用湿沙埋藏，以保持湿度。贮藏地点最好是背风向阳、地势高燥、地下水位低处，注意留好通气孔，防止发霉腐烂。

48. 影响嫁接成活率的主要因素有哪些？

嫁接是两株植物器官的结合，嫁接成活与否，和砧木、接穗的内在因素，特别和砧木与接穗之间的亲和力有关，同时二者的生长习性、嫁接环境、嫁接技术和管理措施等都影响到嫁接效果。主要影响因素如下。

(1)嫁接亲和力。嫁接亲和力就是指砧木和接穗之间通过愈伤组织愈合在一起并形成新植株的能力。樱桃砧木不同，对接穗的选择也有不同；反过来讲，一些品种也对砧木有所选择。如果砧、穗之间亲和力差，即便是再熟练的嫁接技术和良好的嫁接环境条件，也难取得较理想的成活率。

樱桃属于核果类，但樱桃不如桃、杏、李的亲缘关系那么近，也不像它们那样可较好地共用砧木。所以，樱桃的砧木一般只能用同属的樱桃类。另外，如果砧、穗的生活力遭受破坏，也不能保证嫁接成功。

(2)外部环境

①温度:嫁接后,砧木和接穗要在一定的气温条件下才能愈合。一般当气温在15～28℃时,愈伤组织能正常形成,在20℃左右嫁接最易愈合成活。选择合适的季节,确保嫁接后平均气温能维持在20℃左右,可大大提高樱桃嫁接成活率。

②湿度:由于愈伤组织的薄壁细胞既薄且软,不耐干燥,当空气相对湿度降至饱和点以下时,便会阻碍愈伤组织的形成。最佳的湿度是保持愈伤部位经常覆盖一层水膜,否则,将降低嫁接成活率。假如植株含水量过高,樱桃嫁接切口处还容易流胶,影响切口的愈合,也会降低成活率。此外,樱桃根系呼吸耗氧很多,如果土壤含水量过高,造成土壤缺氧,砧木呼吸困难,新陈代谢受阻,也会影响嫁接的成活。所以嫁接后,要注意保持一个适宜的湿度,不能干燥或过湿。一般嫁接前1周应灌足底水,愈合期使土壤水分保持倒田间持水量的60%～70%,嫁接后0.5个月内以小灌水为宜。

③光照:光照对嫁接愈合组织的长长具有抑制作用。在黑暗的条件下,愈伤组织生长快、长得好,利于嫁接成活。因此,采用一些避光的方法,如劈接用土埋接口,既避光又保温保湿,容易成活。

(3)嫁接技术。嫁接时,只有将砧木与接穗的形成层对齐并紧密接触,有利于形成愈伤组织,产生新的形成层,才能保证成活。由于嫁接材料和嫁接方法的不同,砧、穗形成层对接的形式和难度也不同,这就要求嫁接人员选择适宜的嫁接方法,熟练地掌握嫁接技术,嫁接刀具要锋利,刀口要光洁平滑,准确规范地切削砧、穗,准确地对接砧、穗的形成层,绑缚要严密紧实,以保证嫁接成活。另外,嫁接人员的整体动作要迅速、准确,防止接穗表面失水,形成层干燥而使接穗失去活力。

☞49. 嫁接时间和常用的方法是怎样的?

大樱桃一年中适宜的嫁接时期有3次:春季、夏季和秋季。春季大多数地区在3月下旬前后,树液开始流动时。此期多采用带木质部芽接、单芽切腹接或劈接法;夏季大多数地区在6月下旬到7月上旬,时间15～20 d,此期多采用带木质部芽接、"T"字形芽接或方块芽接(也称板片芽接);秋季通常在9月中下旬至10月上旬,采取的嫁接方法多为木质部芽接,培育的为芽苗,即通常说的半成品苗,具体方法如下:

(1)"T"字形芽接法。"T"字形芽接法是樱桃和所有果树最常用的芽接方法,嫁接时期主要在8月下旬至9月上旬,枝条容易离皮的时期进行。根据接穗和砧木的粗度,通常砧木在离地4～5 cm嫁接。选光滑无疤的部位切一个"T"形口,横刀宽约为砧木粗度一半,纵口长约2 cm。接穗用芽接刀从上而下顺序取下盾形芽片。一般用两刀取芽法,即一刀是横切,另一刀深入木质部向上切到横切处,而后取下芽,留木质部。芽片长约2 cm,宽近1 cm,叶柄处于芽片的中央。取下芽片后,左手拿芽片,右手用刀尖或芽接刀后面的牛角刀将"T"字口撬开,把芽片放入切口,往下插入,使芽片上边与砧木"T"形口的横切口对齐。然后用宽1～1.5 cm的塑料条由下而上、一圈压一圈地把伤口包严,同时露出芽。在嫁接的程序上也可以先取下芽片放在嘴里,而后切砧木"T"形口,再取出口中的接穗嫁接。在嫁接时要保证不伤接穗,接口要清洁,操作要迅速而准确。

需要说明的是在芽接包扎时有两种方法:一种是将芽和叶柄都包在里面,这种方法操作快,适合于当年不萌发的芽接;另一种是包扎时露出芽和叶柄,这种方法适合于当年萌发的芽接,同时对容易流胶的砧木也用后一种方法。樱桃是比较容易流胶的树种,伤口湿度过大时容易流胶而使芽片死亡，所以樱桃芽接虽然当年不要求萌发，但包扎时也是露出芽和叶柄为宜。

(2)方块芽接。方块芽接是取芽片时呈方块形，砧木也切去一方块树皮，故称方块芽接，也称板片芽接。方块形芽接比"T"字形芽接操作复杂，但是这种方法接触面大，嫁接成活率高。嫁接时先比好接穗和砧木切口的长度，用刀割一个记号，或者用特殊的嫁接双刃刀切割。把砧木离地 5 cm 左右光滑处切掉一方块树皮，接穗也取下同样大小的芽片，芽叶柄在芽片中央。接时将接穗芽片正好放入砧木切去的地方，一般要求大小合适。在技术差的情况下，宁可芽片小于砧木切口，砧木愈伤组织可以很快填满空隙，所以不影响嫁接成活。要注意芽片不能大于砧木切口，如果芽片翘起不能和砧木形成层接触，或者用手指用力压进去，把芽片组织损坏，都会影响嫁接成活。

另外，要注意芽片内侧的形成层和砧木木质部外的形成层保持清洁，芽片放入后不要左右移动，以防擦伤形成层。放入芽片后立即用 1～1.5 cm 的宽塑料条由下而上一圈压一周包严，芽和叶柄部露在外面。

(3)带木质部芽接。又称嵌芽接，当春季接穗和砧木离皮困难时，可用这种方法。因嫁接时接穗的芽片嵌在砧木上，故也叫"嵌芽接"。实践证明，此种方法嫁接的苗木较同等条件下不带木质部芽接的生长势要壮。砧木一般用苗圃的 1 年生苗，在离地 5 cm 左右茎干平滑处，从上而下斜切一刀，深入木质部，而后在切口上 2 cm 处，由上而下，连木质部往下削到下部刀口处，通过两刀取下一块砧木。接穗切削方法与砧木相同，先在芽的下部向下斜切一刀，而后在芽的上部由上而下连木质往下削到刀口处，两刀相遇，芽片即可取下。芽片长 2 cm 宽度视接穗粗细而定，要求砧木上切去的部分和接穗芽片大小基本相等。

砧木和接穗切削后，将接穗下部嵌入砧木中，最好左、右两边形成层对齐，而后用塑料条捆绑，捆绑时要求露出芽。

(4)劈接法。劈接法的适宜时期为春季，树液开始流动时进行，劈接用的砧木，基部直径要在 3.5 cm 以上，接穗也应选用粗壮的枝条，刀具必须锋利。先将砧木距地面 20 cm 处切断，用刀削平断面，再用劈接刀劈 4～4.5 cm 深的切口，用螺丝刀或木楔撑开切口。然后把两个接穗的下端都削成两个斜面，长度 3.5～4 cm。斜面要平滑，接穗长度以带 2 或 3 个芽为宜。削好的接穗分别从切口的两侧插入砧木，并使其形成层对齐。如果砧木较粗，可不必绑缚，砧木细可用强拉力塑料条绑严紧，然后伤口处用包扎嫁接纸或塑料薄膜盖住，用湿土培起土堆保持湿度。如用内衬一层纸的塑料薄膜填湿锯末后将整个嫁接部分包扎起来，则效果更好。注意劈口要平滑，不可劈裂。若劈口劈裂或接穗太细结合不紧，则不易成活。

(5)切接法。切接法适宜时期与劈接法相同。该法适合较细砧木，砧木直径 1～1.5 cm，接穗粗度 0.5～1.0 cm。接穗带 2 或 3 个芽，下端正面削成一长斜面，长 3～3.5 cm，长斜面的对面削成一小斜面，呈 45° 角，长约 0.5 cm。然后将砧木在距地面 15～20 cm 剪断，从断面的一侧切一纵口，深约 4 cm，将削好的接穗长斜面向里对齐一边形成层插入砧木纵口，再用塑料布条绑紧。最后培土保湿或用与劈接法一样的方法套装有湿锯末的塑料袋保护。

(6)切腹接法。切腹接在春、秋两季皆可进行，秋季宜在 9 月份进行。该法适合较粗的砧木。接穗带 3 或 4 个芽，下端一侧削成长 3 cm 左右的长斜面，另一侧削成长 0.5 cm 左右的短斜面。砧木的嫁接部位选一平滑处，自上而下斜切一切口，长度略长于接穗的长斜面。然后，将削好的接穗长斜面向里插入切口，保证一侧的形成层对齐，最后用塑料条绑严。秋季不必剪砧，待翌春将发芽时再剪砧。

春季嫁接的适期是 3 月中旬至 4 月上旬。接穗的削法与秋季相同。砧木在距地面10～15 cm剪断，在剪口下5 cm光滑处削一与秋季嫁接相同的切口，其他操作同秋季。最后可套一个内装锯末的塑料袋以保持湿度。待接穗成活后，将砧木留约0.5 cm剪砧。

(7)皮下腹接法。于砧木中下部与枝条纵轴呈30°斜切至枝条横径1/3处。接穗为具有2个饱满芽的枝段，下端削成一侧厚(与顶芽同侧)一侧薄的削面。将砧木切口撑开后插入接穗，砧穗形成层对齐，削去接穗以上砧木，然后绑扎严紧。

(8)改良舌接法。嫁接时期一般在3月中旬至4月上旬进行。传统舌接法只适于较细的砧木(砧木粗度1～1.5 cm)，而改良舌接法在2～3 cm粗的砧木上也可应用。具体操作方法为：先把砧木在距地面10～15 cm处剪断，在横断面一侧1/3处纵切一刀长约3 cm，然后自纵切口下端另一侧向上斜削至纵切口处，形成大斜面；接穗选粗度与砧木相近或略细，带3或4个芽，接穗削法与砧木相似也是先在横断面1/3处纵切一刀长3 cm左右，再把厚的一面削成长斜面；然后将接穗斜面与砧木的斜面插接在一起，保证一边的形成层对齐，最后用塑料条绑紧即可。

(9)皮下枝接。又称插皮枝接，在砧木容易离皮的条件下，先剪断砧木，在砧木横断面边缘撬开皮层，将削好的接穗插入砧木的皮层与木质部之间。

☞ 50. 苗木嫁接后如何管理？

嫁接之后的管理工作非常重要，这是确保嫁接成活并能正常生长结果的重要一环。如果管理不及时，虽然嫁接成活，但最后也会前功尽弃，甚至连砧木都毁坏。因此，我们不能满足于嫁接成活，还必须要及时认真地进行管理。

(1)剪砧。春季嵌芽接，待接芽萌发新梢长至3～4 cm时剪砧，剪口和接芽距2 cm。夏季芽接后要立即剪砧，一般要在接芽上部保留 10 cm 砧木，目的是让这些叶片制造养分，有利于接芽的愈合，但剪砧可以刺激接芽的萌发，所以接后 15 d，嫁接成活后即把接芽上的砧木剪去，保持接芽的顶端优势。秋季芽接，接后不剪砧，目的是不让芽萌发，因为如果接芽萌发，生长时期很短，新梢很幼嫩，不能安全越冬，要到翌年春季芽萌发前剪砧。

(2)除萌蘖。嫁接之后，一般砧木都会长出许多萌蘖，为了保证嫁接成活后新梢迅速生长，不使萌蘖消耗大量养分，应该及时把萌蘖除去。樱桃和其他果树不同之处是嫁接新梢生长后萌蘖还不断生长，所以除萌蘖尤为重要和困难，必须连续多次进行。

(3)解捆绑。塑料条绑扎能保持湿度，塑料条有弹性，绑得紧，但塑料条不腐烂，影响嫁接苗的生长，所以当新梢萌发后要除去塑料条，可用刀片将塑料条轻轻割断。

(4)立支柱。当接芽新梢长到 20 cm 左右时，在苗木近旁插一支柱，首先将接口部固定在支柱上，随着新梢的增高，分段用绳子绑缚。将新梢固定在支柱上，一般需固定 2 道以上，防被风折断。

(5)摘心。生长旺盛的嫁接苗，为了提早成形，可以在圃内整形，当苗高 40 cm 时进行摘心，促进摘口下萌发新梢，形成分枝，培养成自然开心形。如果培养主干改良形，摘心要晚一些，在苗高 60～80 cm 时摘心。夏季嫁接当年成苗，因生长期短不要摘心。

(6)肥水管理。为了促进苗木生长，要加强肥水管理，春季结合灌水要进行追肥。第一次在 6 月下旬，主要追氮素肥料，每 666.7 m^2 施尿素 10.0 kg，或碳酸氢铵 20.0 kg，溶化在水中后施入。第二次在 7 月中旬以磷、钾肥为主，施过磷酸钙 15.0 kg 及硫酸钾 10.0 kg，同时叶面喷肥，可以喷 0.3% 的磷酸二氢钾，促进苗木生长充实。田间要及时除去杂草，春季灌水后要松土保墒。

(7)病虫害防治。春季萌发后要防治金龟子等食害幼芽，可采用人工捕捉。夏、秋之交，连喷 2 次 250 倍波尔多液，预防落叶病的发生。

☞51．优质苗木的质量标准有哪些？

大樱桃苗木质量的优劣，直接影响到定植建园的质量，所以必须确切地对所培育的苗木质量给予客观地评价。反映苗木质量的指标，包括生理指标和形态指标，一般都把生根能力较强、生长快、抗逆性强、移植或定植成活率高作为壮苗的指标。具体包括以下几个方面。

（1）苗干粗壮、通直匀称。实践证明，茎干粗壮的苗木生活力旺盛，对环境的适应力和再生能力强，移栽或定植后成活率高。

（2）苗干高，充分木质化，无徒长现象，枝叶繁茂色泽正常。经过圃内整形的苗木已初具所要求的整形特点。

（3）根系发达，主根短而直，侧根和须根多而分布均匀。这样的苗木能适应复杂的环境，栽植后成活率高，缓苗快，生长旺盛。

（4）茎根比值小，重量大。一般地说，苗木地上部分的鲜重与根系鲜重比值大，苗木的根系小，起苗时还可能有些损失，很容易使地上部分与地下部比例失调，栽植后成活率低，苗木生长弱。反之，茎根比值小，苗根发达，有利于成活和幼树生长。

苗木的重量反映苗木的质量。重量大的苗木，说明在相同的条件下比其他苗木生长健壮、品质优良。

（5）无病虫危害和机械损伤。我们应根据上述标准，有条件时再结合苗木含水率、化学成分、光合面积、光合速率、呼吸强度等生理指标，对大樱桃苗木进行质量评价，以便确定其是否可用于定植建园。

☞52．如何起苗？

经调查评估认为已达到壮苗标准，可用于定植建园的大樱桃苗木，即可起苗出圃。

(1)起苗的季节。起苗一般应在苗木的休眠期进行。即从秋季落叶到春季树液流动前均可起苗。但是,具体的起苗时间还应根据大樱桃栽植建园的时间酌情确定。一些地区宜在秋季建园,应在落叶后起苗,最好随起随栽,以便霜前能使根系创伤恢复,翌春提前萌动。有些地区须在春季栽植,则应早春苗木尚未萌动时起苗,抓紧栽植,以免由于春短,气温回升较快,芽苞萌动,来不及栽植或降低成活率。

(2)起苗的方法。大樱桃多用于人工起苗。可用锨或起苗锄自苗床或苗垄一端挖掘,将苗起出,然后顺苗床或苗垄向前挖掘起出所有的苗木。起苗时应先将苗周围的土刨松,找出主要根系,按要求的长度切断苗根,起出苗木。起出的苗要集中放在遮阴处或用湿物覆盖遮阴,以免苗木失水和苗根干枯。

起苗时,如圃地干旱,应预先适当灌水,使土壤潮润、疏松,这样既省力,又不伤根。还应特别注意掘苗时不要生拉硬劈,以免根、干、枝受伤。尽量不在大风、干燥、霜冻或雨天起苗。

(3)苗木分级。苗木起出后,首先拣出嫁接未活的苗木,然后按苗木生长情况(如果已制定苗木标准,可按标准要求)将苗木分级,选出一、二级苗,而将病虫危害、机械损伤和无培养价值的苗木剔除。

分级时可对苗木进行适当的修剪处理,剪除过长、劈裂受伤的根系,剪除部分枝叶,以减少水分蒸腾。

为便于统计苗木数量,分级时还可将苗木按每50株或100株捆成一捆,然后分级统计数量,最后汇总各级苗木株数及总产苗量。

为避免错乱,苗木分级打捆后,应随即在捆上挂以标签,注明苗批、树种、苗龄、总数、捆数、本捆株数、起苗时间等内容,以便调运、贮藏、栽植时核对。

☞ 53. 如何进行苗木假植?

苗木起出后，如不能立即运出栽植，必须将苗木暂时集中起来，埋在湿润的土中，这项工作叫假植。假植的目的是保护苗木根系，免于被风吹日晒而干枯、失水，降低成活率。苗木假植分为临时假植和长期假植。

(1)临时假植。凡起苗后或栽植前较短的时间进行的假植，称为临时假植。临时假植应选背风遮阴处，挖好假植沟，深度依苗木大小确定，一般可在 30～40 cm 沟的一侧倾斜。将苗木放入沟中斜靠在沟坡上，用挖出的湿土埋住苗根和苗干。轻轻抖动苗木，使湿土填入苗根间的空隙，达到苗木根、干与土壤密接不透风的目的。然后踏实，再覆些松土即可。这样苗木便能保持湿润，不致干枯死亡。栽植时，从假植沟的一端扒开填土，即可取出苗木。

(2)长期假植。秋季起苗后，当年不能栽植，要等翌年才能定植时，就需要长时间假植越冬，这就是长期假植。长期假植因为假植时间较长，还要度过漫长的冬季，所以要求比临时假植严格得多。其方法是选择遮阴、背风、排水良好、便于管理的地段，挖掘东西向的假植沟，其规格与临时假植沟略同。把待假植的苗木单株或成小捆排在沟内，使苗木梢部朝南，然后用湿土将苗根和苗干下部埋好，抖动苗木，使湿土填充空隙，踏实后再覆些松土。假植时注意“疏松、深埋、实踩”。如果苗木较干或根部有失水现象，可先将苗根浸水一天，然后再假植。倘若土壤干燥，假植前后可灌水以增加土壤湿度。但是浇水不宜太多，以防苗木烂根。为防冬季风吹、干旱，可用秸秆覆盖假植沟或设风障加以防护。

为便于取苗，假植地应每隔一段距离留一步道。如果假植的苗木较多，应在每段假植沟头插牌标明假植的品种、苗龄、数量、起苗时间和假植日期等，以便于管理和运输。长期假植，应注意经常检查，防止漏风、冻害或霉烂。如果翌春仍不能及时栽植，应采取措施降温，以防苗木发芽。值得注意的是，长期假植是不得已而为之的措施，不论假植工作做得多么好，都难免给苗木带来一定损伤，并提高育苗成本。因此，应加强育苗、定植建园的计划性，合理安排生产进度，尽量避免长期假植。

☞ 54．如何进行苗木包装和运输？

(1)苗木的包装。苗木起出分级后，在调运过程中，不论远近都需要妥善包装。苗木包装的目的是为了防止苗木失水干燥、机械损伤、降低苗木质量。当然包装好的苗木也便于搬动和运输。

大樱桃苗木包装时，可根据运输距离和时间的长短及苗木大小，采取不同的包装方法。如短途运输，时间较短(不超过 1 d)，或用筐、篓或车辆散装运输。筐、篓和车厢内垫些湿草即可。苗木摆放时使苗根相对，并用湿物间隔分层放置。如果运输较长，时间超过 1 d，必须将苗木细致包装。包装材料应就地取材，苗根处要多放些湿苔藓、锯屑、麦草、谷壳等物，以便较长时间保持湿润。有条件的地方和苗圃，可用 1∶400 倍高分子吸水剂浸蘸苗根，可避免苗根干燥，还能提高栽植成活率。

(2)苗木的运输。苗木运输工具要清洁、牢固。运输途中要注意检查，防止苗木干燥发热。中途停车时，应及时向苗木喷水，以保持湿润和降低温度。苗木运抵目的地后，应立即拆包假植，并尽快组织栽植。

五、樱桃园的建立

☞ 55．大樱桃对温度有何要求？

大樱桃是喜温而不耐寒的果树，适于年平均气温10～12℃的地区栽培。一年中，要求日平均气温高于10℃的时间在150～200 d。大樱桃年周期发育过程中，不同时期对温度状况有着不同的要求，品种间也有差异。

甜樱桃生长期中，随着物候期的推移，要求的最适温度逐渐提高。萌芽期的最适温度在10℃左右，开花期的适宜温度为15℃左右，果实成熟期的适宜温度在20℃左右。甜樱桃的果实发育，要求一定的有效积温（日平均气温高于10℃的温度）。在烟台大樱桃产区，从谢花后到果实成熟，早熟品种要求的积温为203.2℃，晚熟品种要求的积温为297.5℃。果实发育期间夜间平均气温的高低，对果实的发育速度、最终大小和果实品质等，都有显著影响。在第一次速长期和硬核期，平均夜温宜高。第二次速长期平均夜温宜低，有利于缩短果实生长期，获得早熟果实。大樱桃耐寒性差，低温造成的危害，一般分为冬季冻害和花期霜害两种。冬季冻害的临界温度为－20℃的低温。有时在－18℃时，大枝已经发生冻害。气温下降至－25.2℃时，会造成大量死树。在同样的低温条件下，气温下降快的冻害重，下降慢的冻害轻。不同植株之间，壮树、树体贮藏养分多的，冻害程度较轻；弱树、树体贮藏养分少的，冻害程度较重。

花期霜冻是大樱桃最主要的低温伤害。花期霜冻的临界温度，因开花物候期而异。一般是随着物候期的推移，耐低温的能力减弱。花蕾着色期遇到－5.5～－1.7℃的低温，开花期和幼果期遇到－2.8～－1.1℃的低温，均会发生冻害。轻则伤害花器、幼果，重则濒于绝产。

56. 大樱桃对水分有何要求？

大樱桃是喜水果树，对水分状况很敏感，既不抗旱也不耐涝。世界上的大樱桃产区，大部分处于滨海之地，具有中等或较充沛的降雨量，空气湿度较高。如欧洲大樱桃产地的年降雨量，一般为650～700 mm。日本大樱桃栽培主产地的年降雨量，为629～861 mm。我国大樱桃栽培区（如山东烟台、河北昌黎、辽宁大连等地），年降雨量为600～800 mm。据此可以看出，大樱桃对年降雨量的要求，至少要达到600 mm。

大樱桃对水分状况的要求程度，因品种而不同。年周期中，不同的生长发育时期也有变化。随着果实生长，叶面积迅速增长，叶片蒸腾量逐渐加大，对水分的需要量也越来越多。另一方面，由于叶片细胞比果实细胞的渗透压高，叶片有从果实吸收水分的能力。而且在果实的不同发育时期，叶片细胞与果实细胞之间，渗透压的差值也会发生变化，随着这种渗透压差值的变化，叶片与果实之间吸水与保水的矛盾，也就出现了弛张不一的情况。因此，在水分状况发生变动的情况下，往往在果实上表现出来。在绿果期，叶片细胞与果实细胞间的渗透压差值大，果实保水力弱，对水分不足最敏感。果实接近成熟期，叶片细胞与果实细胞间的渗透压差值小，果实细胞保水力强，对水分的突然增加很敏感。

大樱桃根系呼吸的需氧量高，介于桃和苹果之间。土壤水分过多，造成土壤氧气不足，根系不能进行正常的呼吸作用时，就会发生涝害。严重时，会造成整株死亡。在地下水位高的地方（常年波动于 0.5～1 m)，不能栽培大樱桃，积涝是主要限制因素。

大樱桃的抗旱力也差。据研究，在土壤绝对含水率为7%时，大樱桃叶片萎蔫变色；土壤绝对含水率为10%时，地上部停止生长。干旱不但会造成树势衰弱，更重要的是引起落果，以至减产。特别是在果实发育第二期(硬核期)的末期，落果最易发生。落果先由果基变黄萎缩，渐次向果顶发展，果柄变黄后即行脱落。不同树势的植株，壮树落果较轻，弱树较重。在一株树上，以树冠内膛花束状果枝上的落果最重。干旱越重，干旱持续期越长，落果量越多。

在大樱桃果实发育的第三个时期(第二次速长期)，春旱时偶尔降雨，往往会造成裂果，降低果实品质。大樱桃裂果的程度，除与果实皮孔的密度、皮孔大小有关外，还与果枝类型和树势等有密切关系。一般果实皮孔密度高、皮孔大的品种，易裂果。树冠外围中长果枝和混合枝上的果实，也易裂果。壮树裂果程度较重，中庸树次之，弱树最轻。

57. 大樱桃对光照有何要求？

大樱桃是阳性果树，喜光性强。据对大樱桃光合生产特性的研究认为，大樱桃的光饱和点为 40～60 klx，光补偿点为 400 lx 左右，光合速率范围为 20～30 mg CO_2/(dm^2·h)，而樱桃的光合速率平均值为 (26.1±6.8) mg CO_2/(dm^2·h)。因此，良好的光照条件，是大樱桃优质、丰产的重要生态因素。

在良好的光照条件下，大樱桃树体健壮，果枝寿命长，花芽充实，花粉发芽力强，坐果率高，果实成熟早、品质好。光照条件差时，树冠外围枝梢易徒长，冠内枝条衰弱，果枝寿命短，结果部位易外移，花芽发育不良，花粉发芽率低，坐果少，果实成熟晚、品质也差。据研究，大樱桃开花期的光照强度，降低到自然光照的27.9%时，花粉发芽率由 78.6% 下降为 72.1%；开花至果实发育期间光照不良时，坐果率只有自然光照的16%～86%。

☞58. 大樱桃对土壤有何要求?

大樱桃适宜在土层深厚、土质疏松、透气性好、保水力强的沙壤土和砾质壤土栽培。适宜的土壤pH 6.0～7.5。烟台大樱桃产区的土壤属于棕壤土和潮土，土壤呈微酸性反应，pH 6.5左右。土壤容重1.38 g/cm^3，土壤孔隙度38.0%～57.3%。少量潮土分布在沿河两岸或近海地带，土层深厚，土壤反应近中性，土壤水分状况良好，土壤容重1.40 g/cm^3。山丘地砾质壤土的土壤有机质含量为0.540 6%～0.811 8%和0.820%～1.324%，海滩地的有机质含量为0.455 2%～0.523 6%。鲁中南山区四周的山前平原、山间盆地、河谷平原及胶东丘陵地区的中下部，土壤以褐土、潮土、棕壤和潮棕壤为主，土层深厚，中性或微碱性，地势平缓，土质肥沃，有机质含量一般在0.5%～1%，适宜苹果、梨、樱桃、桃、杏、李、山楂、柿多种果树的栽培。乌克兰南部草原地区，土壤属沙壤土和部分黑钙土，土层深厚可达3～5 m，有机质含量一般在3%～5%，个别地区有机质含量高达17%，土壤的理化性状良好。土壤容重在1.42～1.45 g/cm^3，土壤黏粒占56%～58%。土壤含盐量每100 g左右含中性盐0.12～0.21 mmol。因此，此类土壤结构疏松，土质肥沃，保水保肥能力强，土壤中代换性钙、镁较多，MgO、K_2O的比率高，极适宜大樱桃的生长发育，从而获得优质高产(G. A. Khalin，1983)。乌克兰灌溉园艺研究所的甜樱桃丰产栽培试验中，成龄树10年平均每666.7 m^2产樱桃达1 667.7 kg。

大樱桃耐盐碱能力差，在土壤含盐量超过0.1%的盐碱地栽培不易成功。因此，在土壤盐碱、低洼、积涝的地区，不适宜栽种大樱桃。黏重的土壤，通透性差，易积水形成内涝，不利根系生长，应尽量避开此类土壤栽种樱桃。酸樱桃则较能适应黏质土。

樱桃易患根癌症，土壤中有根癌病菌及线虫则容易传染根癌症。种植樱桃、桃、李、杏的老果园，土壤中根癌病菌多，不宜栽植樱桃树，更不宜做大樱桃苗园育苗，樱桃对重茬较为敏感。

☞59．地势和风对大樱桃有何影响？

地势对甜樱桃栽培有很大影响。如海拔高度、坡度、坡向及小气候都很重要。一般3°～15°的坡度适宜樱桃栽培。因为山地缓坡空气流通，光照充足，排水良好，空气湿度小，病虫害少，果实含糖量和维生素含量增多，果面色艳光洁，品质好，果实耐贮性增强。反之，坡度越大，水土流失多，温度降低，土壤含水量低，物候期延迟，生长结束早。南坡（南、东南、西南）光照充足，物候期早于北坡，果品质量好，但易受日灼、霜害、旱害的影响，北坡日照较少，果园温度低，影响枝条及时成熟，但抗冻害的能力一般好于南坡，这与春季萌动晚，树皮昼夜温度波动小，形成层活动晚，避过“倒春寒”有关。

风对大樱桃栽培也有很大影响。樱桃树冠大，根系浅，抗风能力差。严冬早春大风易造成枝条抽干，花芽受冻；花期干热风易吹干柱头黏液，花期缩短，影响昆虫授粉，坐果率降低。夏秋季台风会造成枝折树倒，轻者造成树势衰弱，产量和品质下降，重者植株死亡，果园破坏。因此，在有大风侵袭的地区，特别是沿海地区，要注意设置防风林带或选择小环境良好地段建园，这是大樱桃成功栽培的重要措施之一。

☞60．我国大樱桃的适生区域有哪些？

我国适宜栽培大樱桃的区域，东起辽东半岛的尖端，西至新疆的喀什，南起云南，北至辽宁的南部，在年平均气温11～15℃，冬季 0～7℃ 的低温有 1 000 h 以上，冬季极端低温在 −18℃ 以上，年降雨量在 500～900 mm 的地区都适于大樱桃的露地栽培。如果采用保护地栽培的方式，栽培区还可以适当北移。有灌溉条件的地方，栽培将不受年降雨不足的限制，但成熟期多阴雨天气的地方即便温度条件合适也不宜栽培大樱桃。根据上述条件和广泛的栽培实践调查，中国农业科学院郑州果树研究所黄贞光研究员把大樱桃的适生区分为以下四个区域。

(1)环渤海湾地区。这一区域是我国大樱桃栽培实践中引种最早，栽培历史最长，品种分布最广泛，栽培经验最丰富，现有面积最大，发展速度也最快的地区。包括山东大部及辽宁、天津、北京、河北的大部分地区。这一地区也是我国将来面积增加的主要地区。

(2)陇海铁路东段沿线早熟栽培区。包括江苏北部、安徽北部、山东南部、河南中北部、陕西关中带、山西南部和甘肃天水地区等。此地区的显著特点是大樱桃成熟期比环渤海湾地区提早 10～20 d 上市。此区樱桃栽培起步较晚，但发展速度很快，随着栽培实践经验的积累，品质的提高，这一地区将成为我国大樱桃新的主产大区。

(3)西南高原特早熟栽培区。包括四川和云南在前述适宜气候条件下的高海拔地区。此地区的成熟期有的地方可提前到 4 月份至 5 月初，且果个大、品质特优。西南高原地区将是我国发展大樱桃有潜力的栽培区。

(4)分散栽培区。包括新疆南部和寒冷地区进行保护地栽培的地区。少量栽培也可获得极高的效益，对全国各地区的樱桃供应有一定的调节作用。

☞61. 绿色和无公害樱桃生产对产地环境的要求标准有哪些?

我国近几年来制定了一系列无公害和绿色食品生产的国家或行业标准,其中国家标准《GB/T 18407.2—2001 农产品安全质量 无公害水果产地环境要求》规范了无公害水果生产的基本环境质量,在无公害樱桃生产时,要严格按该规范选择基地。国家农业行业标准《NY/T 391—2000 绿色食品 产地环境质量标准》是对绿色食品生产环境条件的通用规范,在进行绿色樱桃生产时可参照执行。以上标准内容较多,在此不再赘述,建园时可到政府农业服务部门咨询索取。

☞62. 有机樱桃生产对产地环境的要求标准有哪些?

目前我国尚无樱桃有机产品生产强制性的国家标准出台,国家环境保护总局于2001年12月25日发布了《有机食品技术规范》,对有机食品生产、加工、贸易和标识提出了基本要求,也是此前我国有机食品认证机构从事有机食品认证的基本依据。

2005年1月19日国家质量监督检验检疫总局和国家标准化管理委员会正式发布了国家标准《GB/T 19630·1～19630·4—2005 有机产品》,对有机产品生产、加工、标识与销售以及管理体系进行了规范。其中《GB/T 19630.1—2005 有机产品第一部分:生产》规定了农作物、食用菌等及其未加工产品的有机通用规范和要求,要求有机农作物种植基地应远离城区、工矿区、交通主干线、工业污染源、生活垃圾场等。基地的环境质量要求内容较多,在此不再赘述,建园时可到政府农业服务部门咨询索取。

☞63. 对土壤造成污染的有害金属有哪些？

工业“三废”的排放和农药、化肥的大量使用是造成果园土壤、灌溉水源以及果品重金属污染的主要污染源。有害重金属主要包括镉、铅、汞、铬和类金属砷等，这些重金属对人体和动植物均有不同程度的毒害作用。

（1）镉。镉的污染源主要来自金属矿山、金属冶炼厂和以煤为原料的电镀、电机、化工等工厂。这些厂矿排放的“三废”中都不得含有大量的镉。镉是一种毒性很强的金属，已被列为世界八大公害之一，它对人和生物的毒害很大，而且可在人体内长期积累，生物半衰期长达20～40年。镉易引起人体急性、慢性中毒，并有致癌、致畸作用。急性中毒主要损害人的肺、肾等很重要器官。慢性中毒主要是镉在人体内积累到一定数量时造成的，潜伏期为2～8年，主要损伤人的神经和关节。

（2）砷。砷的污染主要来自造纸、皮革、硫酸、冶炼、农药、化肥等工厂排出的废水和废气。煤炭中含有一定数量的砷。据测算，每消耗1 t煤即能挥发出2.5 g砷进入大气，因此，以煤为能源的工业和民间燃煤也是一个重要污染途径。另外，含砷的化学农药如福美胂、砷酸钙等也会造成一定的污染.砷对植物的危害主要是阻碍水分和养分的吸收，无机砷影响营养生长，有机砷影响生殖生长。砷对人的毒害更大，砷可与空气中的氧结合形成三氧化二砷（砒霜），砒霜与人体内的蛋白酶结合，可使酶失去活性，导致细胞死亡。人的急性砷中毒表现为胃肠炎症状，如腹痛、呕吐，甚至失水虚脱而死亡。慢性砷中毒主要引起浑身酸痛、腹泻、恶心、呕吐、肝肿大，并能引起多发性神经炎。同时，砷还是肺癌、皮肤癌的致病因素之一。

（3）汞。汞在自然界广泛存在，它可以分为金属汞、无机汞和有机汞化合物。污染源主要来自矿山、汞冶炼厂、化工、印染、涂料等工厂排出的“三废”以及农业上的有机汞、无机汞农药的使用。汞可从植物根部和叶片两条途径进入植物体内：一是土壤中汞化物转化为甲基汞（由有机汞转化）或金属汞，被植物根系吸收；二是由叶片直接吸收进入植物体内。进入植物体内的汞，多以甲基汞与蛋白质中的硫基结合的形式运转到植物体的各个部位。汞在浓度较大时会使植物叶、花、茎变为棕色或黑色。汞对人体的毒性极大，金属汞的毒性小于无机汞和有机汞，职业性中毒和生活性中毒大多是由金属汞和无机汞引起的。有机汞在人体内具有积累性，很难排出，生物半衰期为 70 d 左右，因此，中毒后的发病时间长，病情缓慢。汞主要侵犯人的神经系统，造成手足麻痹，全身瘫痪，精神失常，严重时可痉挛死亡。我国规定，农田灌溉水中汞的含量不得超过 0.001 mg/L。

（4）铅。铅的污染源主要来自用汽油作燃料的机动车的尾气，因此，公路特别是高速公路两旁的空气、土壤、水、植物中的含铅量均高于其他地区（高 100 倍左右）。另外，有色金属冶炼，煤的燃烧，以及油漆、涂料、蓄电池的生产企业，都是铅污染的主要来源。铅主要被植物的根部吸收和积累，并抑制植物的光合作用和蒸腾作用，影响其正常生产。铅污染食物进入人体后有 10% 左右被吸收，在骨骼、脑、肝、肾等脏器内积累，会引起神经系统、造血系统和血管方面的病变。

（5）铬。铬及其化合物的污染源主要是冶金、机械、金属加工、汽车、制革、化工、医药等制造业排放的“三废”，例如金属加工厂的废水中每升含铬量可达 10～5 000 mg，制革厂除排放含铬废水外，还排放有毒的铬酸气。铬化合物有二价、三价和六价 3 种形态，二价铬和铬本身的毒性很小，六价铬对生物和人体的毒性最强，主要存在水体中，三价铬的毒性次之，主要富集在生物体内。铬虽是动植物和人体需要的微量元素，但过量的铬亦会使植物受害，抑制生长发育，并可与植物体内细胞原生质的蛋白质结合，使细胞死亡。土壤被铬污染后会抑制微生物活动，降低土壤微生物的硝化作用。植物在污染的土壤中生长，体内铬的含量可比正常情况下高出 100 多倍。铬对人体是一种强致癌物质。我国规定农田灌溉水中六价铬含量不得超过 0.1 mg/L，世界卫生组织和联合国粮农组织规定，每人每周的耐受量，铬的摄取量定为 0.006 7～0.083 mg/kg(体重)。

☞ 64. 对樱桃产地空气造成污染的有害气体有哪些?

对大气环境造成污染的有害气体主要有二氧化硫、氟化物、臭氧、氮化物、氯气、碳氢化合物以及粉尘、烟尘、烟雾等气体、固体和流体颗粒。这些污染物既能直接伤害果树，影响植物体的光合作用，破坏叶绿素，致使花、叶片和果实褐变和脱落，又在植物体内进行积累，人们食用后引起急性、慢性中毒。

(1)二氧化硫。二氧化硫是我国大气污染的主要有害气体。其主要来源于燃烧的煤、石油，在大气中广泛存在。二氧化硫由果树叶片上的气孔侵入叶片组织，破坏叶绿素，造成组织脱水，在叶脉间出现黄色或褐色斑块，使叶片脱落。果树开花期对二氧化硫最为敏感，可使花期开放不整齐，花冠边缘出现枯斑，花药变色，干瘪，柱头萎缩，花朵提早脱落，坐果率降低。果实受害后则表现为龟裂，发育受阻，失去商品价值。另外，二氧化硫遇水可变为亚硫酸，若果树上喷过波尔多液，则会将其中的铜离子游离出来，从而造成药害。

在自然条件下二氧化硫极易被氧化形成酸雨，为害果树叶片，使叶脉间出现失绿现象，并逐渐变为棕色坏死枯斑。

(2)氟化物。氟化物主要包括氟化氢、氟化硅、氟化钙及氟气，在大气中的含量仅次于二氧化硫。对人体、动植物为害极大。氟化物主要来源于磷肥、冶金、玻璃、搪瓷、塑料、砖瓦等生产工厂，以及用煤为主要能源的工厂排放的废气。其中，氟化氢是氟化物中毒性最大的气体，比二氧化硫大20倍，当空气中有1×10^{-7} mL/L时，即可使植物受害。另外，氟化物的比重较小，随风传播很远的距离。

氟化物对植物的为害主要是通过气孔进入体内，但不伤害气孔周边的组织，而是溶入体液内，通过细胞间隙进入输导组织，并运输到叶片尖端，当积累到一定浓度时即可出现病症。氟化物还能抑制植物体内的葡萄糖酶、磷酸果糖酶等多种酶的活性。当酶的活性下降时，阻碍叶绿素的合成，造成植物组织失绿，影响光合作用。另外，氟化物还能导致植物钙素营养失调，会使细胞液外溢，造成植物生长点、嫩叶、顶端发生溃烂。氟化物对果树的影响主要表现为破坏果树的营养生长、失绿，并造成早期落叶，果实不能正常膨大，果皮硬化等病症。

(3)氮化物。氮化物是各种含氮化物衍生物的总称。主要包括二氧化氮、一氧化氮、硝酸雾等，其中对植物毒害较大的是二氧化氮。其主要来源于汽车尾气、锅炉以及某些药厂排放的气体。另外，在保护地栽培条件下，当氮肥施用过多，土壤中会发生脱氮反应，从而使大棚中产生高浓的二氧化氮，造成对植物的直接伤害。二氧化氮对植物毒害症状近似二氧化硫，但为害程度明显低于二氧化硫。

(4)氯气。氯气是一种黄色有毒气体，对果树为害极大。污染源主要是来自食盐电解工业以及生产农药、漂白粉、消毒剂、塑料、合成纤维等工厂排放的废气。氯气的危害比二氧化硫重，它可以破坏细胞结构，阻碍水分和养分的吸收，使植株矮化，分枝减少；叶片退绿或起小水泡，严重时焦枯；根系不发达，直到根系萎蔫而枯死。

(5)粉尘和飘尘。空气中飘浮的固体或液体的微细颗粒被称为粉尘。工矿企业以煤炭为主要能源所排放的烟尘，是我国污染农作物及果树最重要的空气粉尘。烟尘的主要成分包括未燃尽的炭黑颗粒、煤粒和飞尘。烟尘中的颗粒径大于10 μm，易降落，故叫降尘。这些烟尘降落到果树的叶片上，特别是嫩叶上会产生污斑，影响果树正常的光合、蒸腾和呼吸代谢等生理作用。在花期影响授粉和坐果；结果期污染，除果面形成污斑外，还会使果实表皮粗糙、木栓化，影响产量和品质，严重时果品失去商品价值。

另外，有的工厂还会向大气中排放出大量的极细小的金属微粒，如铅、镉、铬、锌、砷、汞、镍、锰等，这些微粒能较长时间在大气中飘浮，故称“飘尘”。飘尘因其体积微小，可随气流传播飘移至远处。飘尘在空气中因相互碰撞而吸附成为较大的粒子，降落地面后造成对土壤、灌溉水、果树的严重污染。如某炼锌厂周围0.5 km的农田，经该厂废气中排出镉尘污染6个月以后，每千克土壤含镉量由原来的0.7 mg上升到6.2 mg，增加了近9倍。

(6)其他污染。机动车排放的废气，工厂排放的二氧化硫、氧化氮和碳氢化合物，在特殊气候条件下发生化学反应，形成臭氧和过氧化硝酸乙酸酯，亦会对果树等造成污染。化工厂、化肥厂排放出的氨气和尿素粉尘，由于含氮量过高，可使果树营养元素比例失调，容易诱发生理落果。

大气的严重污染还会促进害虫的繁衍。国内外研究表明，大气污染除对作物造成危害以外，还会促进某些害虫种群的繁衍，表现为刺激害虫取食，促进害虫生长发育，提高害虫的生殖力，同时还会导致植物防御能力下降，改变植物体内的生理过程，杀伤天敌，破坏害虫和天敌的自然平衡，例如墨西哥瓢虫、舞毒蛾、蔷薇长管蚜、粉纹夜蛾，特别喜欢取食被二氧化硫、臭氧、氟化氢，汽车尾气污染的寄主植物；粉纹夜蛾幼虫取食被氟化氢污染的寄主植物后，发育明显加快，5龄幼虫体重增加24%；桃蚜取食被二氧化硫污染的寄主植物后，种群指数提高39.2%～91%；高速公路周边山楂树上苹果蚜的生殖力增强6倍等。由于瓢虫、寄生蜂、食蚜蝇等天敌受到不同程序的杀伤,促进了蚜虫的繁衍。

☞65. 如何选择园地?

樱桃栽培是商品生产,为了获得良好的经济效益,要求从园址选择起就应按高标准建园。栽植樱桃无论从气候条件、土壤性质和栽培技术上,都有其特殊性。必须根据上述樱桃对环境的要求,结合樱桃标准化生产的标准要求,进行樱桃园址的选择。其中从栽培方面需要重点注意以下几个方面。

(1)甜樱桃树不耐涝,也不耐盐碱,因此宜选择地下水位低、不积水的地段建园,不能在盐碱地建园。

(2)甜樱桃树开花期早,易受霜害,在有霜害的地区应选择晚霜不易发生的山坡中部,避免在冷空气易沉积的低洼地建园。或者选择春季气温上升较慢、空气流通的北坡或西北坡,以推迟花期,避开霜害。

(3)樱桃树不抗旱,最好选择土壤疏松,土质肥沃、湿润,排水良好,又有灌溉条件的沙质壤土或壤土建园,黏重土壤不宜作樱桃园。

(4)樱桃树的根系浅,易受风而倒伏,园址应选不易遭风害的背风地段,并重视防风林的营造。

(5)樱桃果实耐贮运性能差,应选择交通方便、距主要销售市场近的地点建园。

☞66. 如何规划园地?

较大面积的栽培园区,应根据地形地势、面积、不同的栽培方式等进行科学规划。

(1)划分栽植区。根据园区的土壤、地形等条件,把园区划分为若干个栽植区，以便于管理。一般以防护林、道路、灌排水系统相分隔。平地，一般每 6 667～10 000 m^2 为一个栽植区，山地、丘陵按地区情况每 3 333.5～5 333.6 m^2 为一个栽植区。

(2)选择栽培方式。根据当地的生态和地形条件，确定采用露地栽培或设施栽培，并考虑密植或稀植等不同方式。目前许多地方需要考虑露地栽培配套避雨防裂果、防鸟害的设施。另外，矮化密植和宽行密植是果树栽培的发展趋势，新的栽培方式还有篱架栽培等。

(3)营造防护林。营造防护林可有效抵御和减轻风霜危害。防护林防护范围一般为林带高度的 20～30 倍，迎风面防护范围为林带高度的 5 倍左右。防护林带的设置应与道路、灌排水系统相结合。防护林带由主林带和副林带组成，主林带与主风方向垂直，宽 10～20 m；副林带与主林带垂直，宽 5 m 左右。小型果园营造防护林既可防风霜，又可作绿篱围墙。

(4)灌排水系统。灌溉系统由水源、干渠、支渠和灌水沟组成，干渠连接水源和支渠，每个果园(栽植区)设一条；支渠连接下渠和灌水沟，使水通向每棵树下。有条件的可安装滴灌、喷灌或渗灌设备。易遭涝害地区和山地必须设置排水系统，由排水干沟、支沟和排水沟组成，以免遭涝害或水土流失毁园。

(5)道路设置。园区道路的设置应与防护林、灌排水系统相结合。一般园内设大道一条，连接各栽植区，区内设小路连接各个区段，山地可每隔 15～20 m 留一作业道。

☞ 67. 如何进行品种选择？

品种选择主要根据以下几个方面：

(1)栽培目的和市场需求。樱桃的果实，主要有鲜食和加工两种用途。若鲜食，则选择优质丰产、个大、色艳、味美的品种；若用于加工，可选择肉硬、高产、品质好的品种，专用制汁的可选用酸度较高、果汁颜色浓、可溶性固形物含量高的品种。从市场角度看，目前由于樱桃栽植面积和产量较小，鲜食品种的发展占主要地位，市场需要个大、色艳、肉质柔韧、肥厚多汁、酸甜适口且耐贮运的品种，当然没有一个品种的性状是完美的，要抓住品种的主要特性综合考虑。制汁也是今后的发展方向。

(2)品种的适应性。选择品种，要把握园区自然条件与品种生物学特性相适应的原则。尽量选择在当地已试验成功的优良品种，做到因地制宜。否则，忽视园地自然条件，选择性状再好的品种，也难以收到理想的效果。若当地果实成熟期常有降水，应选先锋、大紫、拉宾斯等抗裂果品种；若当地冬季寒冷，应选择抗寒性强的品种如莫莉、雷尼尔、艳阳、先锋等；若当地花期经常有晚霜危害，则选花期较晚、抗晚霜的品种如龙冠等；若园地距离消费市场远，则选择耐贮运品种如红灯、斯坦勒、巨红等。

(3)品种配置。品种配置首先要确定主栽品种。应确定综合性状突出的、成熟期衔接较好的品种，一般面积较小的只需1～2个主栽品种，面积较大的可选2～4个主栽品种；城市近郊销售方便，可多选择早熟品种，偏僻地区宜选择较晚熟耐运品种；较温暖地区可选择早熟品种，较寒冷地区可选择晚熟品种，整体延长樱桃的供应期，也便于销售和提高效益。

其次要考虑授粉品种的配置。甜樱桃大多数品种自花不实或自花结果率较低，栽植时必须配置授粉树，要掌握以下五点要求。

①选择的授粉品种与主栽品种花期相遇且亲和力强。

②授粉品种本身也要丰产、稳产，经济价值高。

③授粉树栽植数量要充足，一般以30％以上为宜。

④授粉品种不宜单一，一般以3个以上品种互相授粉较理想。

⑤根据主栽品种与授粉品种株数的比例确定授粉树的配置方法，隔2～4行主栽品种栽植一行授粉品种；面积小的果园，可以采

用隔行栽植；山地建园可采用阶段式配置授粉树，就是在行内每隔3～4株主栽品种，栽1株授粉品种；授粉品种较少的可中心式栽植，即中间栽一株授粉品种，周围栽8～12株主栽品种。

☞68．如何进行砧木的选择？

（1）砧木选择的原则。理想的樱桃砧木应该具有以下特点：对环境的适应性强（抗寒、抗旱且适应于多种土壤类型）；与樱桃品种接穗亲和性强，嫁接后易成活，不出现小脚现象；砧木苗来源充足，繁殖容易；砧木的根系发达，抗根癌病等。总之，要根据园地所处自然条件、土壤类型、栽培方式等对砧木类型和特性进行综合考虑，如较寒冷地区应选择抗寒性突出的山樱桃、马哈利、考特等砧木，较干旱地区应选择抗旱性强的Gisela6等，土壤较黏重的可选Gisela5、Gisela6等，如果进行设施栽培则必须选择矮化或半矮化的Gisela5、莱阳矮樱桃等砧木类型，另外较抗根癌病的砧木有山樱桃、大叶草樱桃、Gisela5、Gisela6等。切不可盲目。

（2）砧木的发展方向

①具有矮化或半矮化性状，树冠较小，便于作业。

②能促进品种提早结果。

③抗病毒病、抗根癌病等。

④容易进行工厂化育苗。

☞69．如何进行授粉树的配置？

（1）授粉品种。目前生产上栽培的大樱桃品种除斯坦勒、拉宾斯等少数几个品种可以自花结实以外，大多数都需要配置授粉品种，即使是自花结实率较高的品种，配置授粉品种也可提高结实率，增加产量，改善品质。

与其他果树配置授粉树的要求类似，大樱桃互为授粉树的品种之间也必须满足以下条件：花期一致，互相授粉亲和力强，花粉量大且生命力强，经济性状良好。目前一家一户小规模栽培当中往往不特别设置专门的授粉品种，而是把 2 或 3 个品质优良的品种都作为主栽品种按照一定的规律栽植在一起，相互授粉，这样保险系数高。集约化栽培当中为方便管理，应该提倡设立授粉品种。

根据有关资料和多年的实践经验，推荐几个常用品种的授粉组合，供建园时参考(表 8)。

表 8　甜樱桃的授粉组合

主栽品种	授粉品种
先锋	那翁、演库、拉寅斯、雷尼、早太果、胜利、友谊、宇宙
芝罘红	大紫、那翁、滨库、红灯、红丰、晚红、水晶
红灯	红艳、红蜜、大紫、滨库、巨红
拉宾斯	大紫、滨库、雷尼、先锋
滨库	大紫、雷尼、先锋、红灯、水晶、芝罘红、斯坦勒、巨红
早红宝石	抉择、极佳、维卡、红灯、先锋、乌梅极早、那翁、早大果
抉择	极佳、早红宝石、维卡、红灯、先锋、拉宾斯、早大果、那翁
维卡	极佳、早红宝石、抉择、红灯、先锋、拉宾斯
那翁	大紫、先锋、雷尼、滨库、巨红、水晶
大紫	红灯、红丰、芝罘红那翁、滨库、巨红、水晶、黄玉
雷尼	那翁、滨库、巨红、红蜜
佳红	巨红、先锋、雷尼
美早	先锋、红灯、红艳、拉宾斯、砂蜜豆
红艳	红灯、红蜜、巨红
砂蜜豆	佐藤锦、南阳、友谊、宇宙、大紫
早大果	早红宝石、抉择、先锋、胜利
胜利	红灯、先锋、早大果、雷尼、那翁
友谊	红灯、先锋、雷尼、胜利、早大果
宇宙	友谊、胜利、先锋、砂蜜豆、那翁

(2)异花不稔的品种组合。根据岩田、铃木等的调查，把品种间花粉不亲和的品种分为7组，同组内的品种授粉不亲和，即异花不稔。不同组间的品种授粉则有亲和力。还有的单向异花不稔，即甲的花粉给乙授粉时坐果率高，反之，乙的花粉给甲授粉则坐不住果。

第一组：那翁、滨库、紫樱桃、法兰西皇帝(法兰西皇帝可给紫樱桃授粉)。

第二组：日之出、高沙、卡普曼、土耳其、青心(土耳其、青心可给其他三个授粉)。

第三组：大紫、佳宝丽、加尼弗尼亚、前进、早河。

第四组：若紫、深紫。

第五组：黄玉、温克莱、克洛丽斯、斯塔克金、佐藤锦。

第六组：森托尼尔、莱威林。

第七组：布莱班克、丰收。

(3)授粉品种的配置数量。只有配置足够的授粉树才能满足授粉受精的需要，经验表明，授粉树配置的比例最低不应少于30%。目前生产中常采取的方法是2或3个品种等量栽植，这样授粉受精效果比较好。

(4)授粉树的配置方式。在配置足够数量授粉树的前提下，采用什么样的配置方式，对授粉受精坐果丰产等也有着明显的影响。平地果园可每隔2或3行主栽品种栽一行授粉品种；山地丘陵梯田果园可在主栽品种行内混栽，每隔2或3株主栽品种栽一株授粉品种，即通常所说的阶段式配置；也可以采用中心式配置，就是中间栽一株授粉品种，周围按比例栽植主栽品种。

☞ 70. 定植前如何改良土壤？

栽植前进行土壤改良，因操作方便而具有事半功倍的效果。

山丘地具有透气性好的优点，但其具有土层薄、保肥保水能力差、土壤瘠薄等缺点。改良重点是加厚土层，增加保肥保水能力。采取的措施为修筑梯田、全园深翻、客土及增施有机肥等。沙滩地虽然透气性较好，但保肥保水能力差，土壤改良时如沙层下有黏板层，首先必须深翻打破黏板层，然后通过施有机肥、掺黏土等方式增强其保肥力。若实际情况不允许在定植前进行全园土壤改良，可先按行距挖宽 1 m、深 0.8 m 左右的栽植沟改土，定植后再逐年深翻，扩沟改土。

☞ 71. 定植时间如何确定？

樱桃的栽植有两个时期，即秋季落叶后至土壤封冻前（10 月下旬至 12 月中旬）和春季土壤解冻至萌芽前后（2～4 月份）。北方地区樱桃种植一般在春季，由于大樱桃萌芽较早，因此比其他果树要提前一些，以 3 月上旬种植为最佳时间；稍温暖地区一般采用秋季定植，此时定植，根的伤口愈合早，过冬地温升高后，根系可早日恢复活动，新根生长也早，成活率高。北方地区若秋季定植，必须采取覆膜、埋土、堆草、缠塑料条等办法防寒、防抽条。

☞ 72. 定植密度如何确定？

定植密度就是单位面积内栽植的株数，常因大樱桃的品种、砧木、土壤、肥水条件、整形方式的不同而不同。原则上生长势强、乔砧、肥水充足、管理水平高、采用大冠形整枝方式的栽植密度宜小些；反之宜大些。现将不同立地条件下大樱桃的栽植密度列于表 9，供各地在建园时参考。

表 9　甜、酸樱桃一般栽植密度

树形	山丘地				平原或沙滩地				山地梯田
	瘠薄土壤		深厚地壤		肥力中等		土壤肥沃		
	株行距(m)	株数*	株行距(m)	株数*	株行距(m)	株数*	株行距(m)	株数*	株距(m)
小冠疏层形	(2～3)×4	55～83	(3～4)×5	45～34	(3～4)×5	33～44	3×(4～5)	33～55	1.5～2
纺锤行	2×(3～4)	83～111	(2～3)×4	55～83	(2～3)×4	55～83	(3～4)×5	44～55	1～2

注：* 为每 666.7 m^2 的株数。

☞ 73. 栽植方式有哪些?

栽植方式随建园的地形而定。平原地和沙滩地宜采用行距大于株距的长方形方式。这种栽植方式光照条件好，行间通风，有利于生长和结果，果实品质高；投产前行间间作作物时间长，可增加前期经济效益；便于田间各项操作和病虫害防治；株距较小有利于发挥园片群体的防护作用，增强抗风能力。山地果园，多采用等高撩壕和梯田栽植，窄面梯田可栽 1 行，在梯田外沿土层厚处栽植；宽面梯田根据田面宽度可栽多行，采用三角形方式栽植。

☞ 74. 如何挖穴及施肥回填?

确定主栽品种及株行距后，要及时挖穴(沟)，平原较黏的土壤必须开沟。为防止穴(沟)内土壤不沉实，挖穴(沟)及施肥回填必须在冬前完成，否则若栽前挖穴(沟)回填，容易因土壤下沉而栽植过深，苗木生长不良。穴的直径及沟宽为 1 m，深 80～100 cm。挖穴或开沟时，要将表土与心土分开放置。定植穴(沟)挖好后，应及时施肥回填。由于各层土壤的作用和性质不同，回填时要区别对待。穴（沟）底层土，多数风化不良通气不好。因此，应把粗大的有机物（如碎树叶、作物秸秆、杂草等）与原深层土混合填入，以改良深层土，增加透气性。中层 30～70 cm 土层是樱桃盛果期根系的主要分布层，这层土一定要做到“匀”，可回填混有优质有机肥料的表土。表层 0～30 cm 土层是樱桃幼树根系的分布层，要做到“精细”，可回填掺有少量复合化肥和有机肥的原表土，把剩余的底土撒在表面使之风化。回填后要及时浇透水沉实。

☞ 75. 如何定植大樱桃树苗？

翌年春天 3 月中旬，在冬天所开挖的穴（沟）中央按设定的株距挖 30 cm 见方的小穴。挖出来的土掺优质有机肥和 50 g 左右的磷酸二铵放在一边备用。把苗木放入小穴，苗木的原土印与地面相齐，把根系舒展开，用掺好的土填在根系周围，一直填到略高于地面。在填土的过程中，要随填土，随踏实随提动苗木，然后再踏实，使根系与土壤充分密接。在树周筑起土埂，整好树盘，随即浇透水。水渗后，整平树盘，用一块地膜覆盖树穴，有利于提高地温，保持湿度，促发新根，提高苗木的成活率。如不盖地膜，水渗下以后要培土保墒。

樱桃怕涝，平地果园最好起垄栽植。方法是按预定的株行距挖深 1 m 的沟，按回填要求回填，最后用行间表土和有机肥混匀后起垄，垄高 30～40 cm、垄顶宽约 40 cm，垄底宽约 1 m，将樱桃按栽植要求栽在垄上。这样可防止夏季雨水积涝及传播病害。用这种方法栽的树比平栽的当年生长量可大 1 倍，以后树体发育也较好。

为防止苗木抽干，提高成活率，提倡定植以后用加工好的长度较苗干略短的塑料袋将苗干套住，可以有效地抵御早春干旱风的侵袭，也可以防止金龟子吞食幼芽。套袋时要注意在苗旁立一支柱,高度略高于苗干,目的是防止袋子影响顶芽的生长。为防止苗木抽干也可以采用前几年在栽植苹果树推广的一种方法,定植以后用一块带皮的猪油自下而上地捋一下,附着在树干表皮的油层也可以起到良好的防护作用。

☞76. 如何防止樱桃苗木和幼树冬季“抽条”?

在樱桃可以露地栽培的地区樱桃植株越冬抽条现象也是经常发生,这是樱桃育苗的一个限制因素。抽条主要发生在冬末春初,尤其是早春最为严重。引起樱桃抽条的原因很多,主要是冻旱引起的生理干旱造成的。防止抽条要采取综合管理措施:一是在肥水管理上一定要注意前促后控。6月份以前,可适当追施速效肥,促进新梢生长。7月份以后则一定要控制速效肥的使用,尤其是氮肥的使用。同时控制灌水,可喷施磷、钾肥,促使枝条成熟。二是通过修剪控制新梢旺长,可用摘心、剪梢等方法来增加枝量,防止新梢生长过长过旺。三是通过化控措施。可喷施或土施多效唑控制新梢生长。四是采取一些保护措施,如上冻前用塑料条缠绕樱桃树的枝干。可用旧塑料布或是地膜剪成宽3~4 cm的塑料条,将枝条自上而下,一圈压一圈地包起来,塑料条的末端穿入上一圈的扣中压紧,防止被风吹开。缠塑料条后,水分蒸发基本上控制住了,防治抽条的效果很好。到春季萌芽前,将塑料条解开。缠塑料条的方法有效,但比较费工,给樱桃树喷防冻蜡或是涂抹凡士林油相对就省工多了,效果也比较好。涂抹凡士林油一定要用优质白色的,于上冻前进行。具体方法是戴上胶皮手套,将凡士林油涂在手套上,从枝条基部往上撸抹,速度比较快,效果也很好。上冻前灌防冻水后覆盖地膜;在树干北半边培土等方法均可减轻抽条,提高苗木的越冬性。

☞77. 如何对中国樱桃园改接优良大樱桃品种？

中国樱桃又名小樱桃，在我国栽培历史悠久，因个小、肉软、不耐贮运等原因，商品性不如大樱桃。在发展大樱桃的地区，对中国樱桃改接换优，对加速大樱桃的发展，增加农民收入，具有重要意义。

(1)改接的时间和方法。改接时间以春季为主。秋季为辅。春季在春分前后(3 月中下旬)开始，到发芽前后结束，为时 15～20 d。春季改接的方法常用劈接法和切腹接法。秋季嫁接的时间在 9 月中下旬进行，多采用木质芽接法。

春季改接时，为减少水分增发，提高嫁接成活率，最好对接穗进行蜡封。将工业石蜡在容器中熔化，温度加到 100～130℃(一般石蜡开始冒烟时即到达 130℃，如果没有温度计，又缺乏经验时，可在锅中放一些水，水沉在锅底，冒热气 100℃)。

接穗按嫁接时需要的长度，剪接成 10～15 cm，注意顶端留饱满芽。蘸蜡时先拿住接穗底端，蘸蜡时后立即取出，扔到湿麻袋上。

改接的具体操作是：先清理树基部萌蘖，再根据立地条件、树体结构、长势和管理水平确定改接的主侧枝数量，选留长势强，角度开张，无枝干病害的主、侧枝作为改接枝，将多余枝疏除。嫁接部位应尽量靠近接穗保留 3～5 个芽，接后用薄膜绑紧接口，以利接口愈合。较细的枝条采用切腹接法，接穗保留 1 或 2 个芽，接后绑缚接口芽时，可将接芽全部包扎，以防风干失水。采用这两种方法嫁接的树成活率在 90% 以上，未活者秋季再行补接。

(2)接后管理。当接穗成活萌芽以后，要及时抹除原树上的萌条和根蘖，减少对养分的无效消耗和对接穗的竞争。当嫁接口完全愈合后，要及时解除接口绑缚的塑料条，以利于新梢的加粗生长。新梢长到 30 cm 左右时，要及时绑支柱，固定新梢，防止被风吹折。对枝量少的幼树和大枝的旺梢，长到 40 cm 左右时，要进行重摘心，促发分枝，增加枝量，及早成形，还要加强改接树的病虫害防治，人工捕杀刺蛾、毛虫等食叶害虫，雨季喷波尔多液保护剂，防止早期落叶。

中国樱桃园一般立地条件较差，管理粗放，对改接后的园址必须加强土、肥、水管理，促进树体的发育。土壤管理方面，要对果园进行深翻或扩穴，加厚活土层；加修堤堰，防止水土流失；干旱无水浇条件的果园要进行覆草或穴贮肥水。施肥可于 5 月上旬新梢旺长期每株追施 0.5 kg 左右尿素；8～9 月份每隔 10～15 d 叶面交替喷施 0.3% 的尿素和磷酸二氢钾；10 月份落叶前，每株施用 20～30 kg 人粪尿或猪粪尿等作为基肥。生长季如遇天旱要及时浇水，保证新梢正常生长；封冻前浇一次水，增强树体抗寒越冬能力。

(3)注意的几个问题。

①嫁接成活的关键可用“快、平、齐、密”这 4 个字来概括。“快”指嫁接用刀子要锋利，嫁接速度要快；“平”指削面要平滑；“齐”指接穗和砧木的形成层要对齐；“密”指嫁接后要密封好，最好采用蜡封接穗，未蜡封接穗的也要用内衬报纸的塑料袋装湿锯末密封。这 4 个环节是成活的关键，只要严格掌握，成活率可在 90% 以上。

②温度和土壤湿度也是影响成活的主要因素。春季嫁接气温要在 15～20℃；秋接气温以 20℃ 左右为最适。土壤过旱，嫁接成活率低，当天旱土壤含水量偏低时，在嫁接前 1 周应进行灌水。

③树龄越小、树势越壮，则其改接的成活率越高，因此，改接应选择 10 年以下生长旺盛的幼树。

目前各中国樱桃产区都有程度不等的病毒发生，其症状表现为小叶、丛枝、皱叶、黄叶、花叶和叶脉白化等，轻者树体生长不良，重则可造成死树。改接时应选择生长健康、无病毒病症的树，把有病毒病症的树剔除，以防通过嫁接传播病毒。

☞ 78．如何大树移栽建园？

为了提高甜樱桃的早期产量，有些园片定植采用了较高的密度，如株行距 1 m×3 m，2 m×3 m，这些园片进入结果期后，随树龄的增加，难免出现郁闭，这时必须间伐或移栽。对进入盛果期的大树而言，间伐无疑是一种浪费，最好采取移栽的办法。实践表明，大树移栽建园，可直接进入结果期，经济效益显著。

(1)移栽时期。大树和平栽一般在春季进行，最佳时间是从萌芽前 2 周开始至萌芽时止。1991—1996 年，在泰安市司家庄果园的试验表明，春季 3 月 10～22 日移栽，成活率平均在 95% 以上。

(2)移栽前的准备工作。移栽前，对待移栽的树适当重剪，修剪程度是常规修剪的 1.5 倍，移栽前 1 周灌水，以便于移栽。

对建园地要进行土壤改良，可参照本章相关内容。最好在前一年的秋天或冬天挖宽 1.5 m、深 1.2 m 的栽植沟，施入有机肥回填，浇水沉实。对前茬为果园的园址，栽植沟应客土回填，并施入大量有机肥。

(3)移栽的技术要点。挖掘时，从树冠外围投影向外 20 cm 处环树下挖。近距离的移栽，移栽树可不带土球，但在挖掘时应避免伤根，保持根系完整，树体挖出后，立即定植。远距离移栽，应带土球挖掘，为防止土壤松散，可用草绳缠绕土球。

根据树体根系大小确定定植穴的大小，栽植深度与树体原来的土印平，切忌栽深。树体根系在穴内要舒展开，填土踩实后，作土埂浇水。对移栽树应特别加强肥水管理与病虫害防治，以便尽快恢复树势，正常结果。

六、大樱桃树的整形修剪及花果管理

☞79. 大樱桃树整形修剪的作用有哪些？

优良的群体结构是通过合理及时的整形和修剪来实现的。大樱桃的整形修剪主要起到以下几个方面的作用。

(1)调节生长和结果的平衡。和其他果树一样，大樱桃树生长和结果的关系是相互制约的，在一定条件下还能够相互转化。幼龄树以营养生长为主，如任其生长，往往是生长总量大，树形紊乱，总枝量多，抗逆性差，树势衰老快，易感染腐烂病，且果实质量差；如果通过加大主枝开张角度、扭梢、摘心等修剪措施加以调控，则可以减缓树体营养生长，促进花芽形成，使单纯的营养生长较快地转向生殖生长。

(2)改善通风条件，加强光合作用，增强树体抗逆性，减少果树病虫害。光合作用是果树积累有机物质的基础，要想获得高产，就必须设法改善光照条件，增加叶片数量，提高叶片的光合效能，延长光合作用的时间，这也是建立高光效树形的根本目的。而整形修剪是达到上述目的的主要手段。如根据不同的立地条件、栽植方式选择应用高光效树形，合理开张骨干枝角度，适当减少骨干枝数量，降低树干高度，加大层间距离，改变枝条的延伸方向等，都可以改善整个树体或局部的光照条件，增加树体的有效营养积累，增强树体的抗逆性，并且能够有效地提高果实质量，对于无公害果品生产有着重要的意义。

(3)调节树体营养，提高果品产量。整形修剪能够改变大樱桃树体内部营养物质的生产、运输、分配和利用，进而对果树的生长发育产生影响。如对大樱桃进行重剪，能有效提高枝条中的水分含量；扭梢能提高受损部位以上部分的糖分含量，提高碳、氮比例，有利于花芽形成。

(4)调节叶、果比和花芽、叶芽的比例。大樱桃进入结果期以后，要达到丰产稳产，在加强土、肥、水管理的基础上，果树的叶、果比和花芽、叶芽的比例必须适当，否则很难达到连年丰产稳产，而通过整形修剪就可以对此进行有效的调控。

(5)调节果实负载量。每一株果树都有其适宜的负载量，结果数量太少影响产量，坐果数量过多引起果个偏小、质量差，不能提高经济效益，还会导致树体营养失衡，引发大小年结果和病虫害的大发生。通过适当的修剪手段，根据大樱桃品种特性、年龄时期、树势强弱、立地条件等进行适当的调整，对于提高果品质量，实现无公害化生产更有着十分重要的意义。

☞ 80. 大樱桃整形修剪中有哪些树体特性值得注意？

(1)芽的早熟性。樱桃的芽和其他核果类果树相似，具早熟性，在生长季节摘心、剪梢可促发新枝。樱桃在花后对新梢保留10 cm左右摘心，能萌发出1～2个中长枝，下部萌芽形成叶丛枝；新梢保留20～40 cm，摘去10 cm以上的梢部，能促发3～4个中、长枝；摘心过轻，则只能萌发1～2个中枝、长枝。在一年中可连续摘心2～3次。在整形上，可利用这一特性对旺枝、各主枝多次摘心，迅速扩大树冠，加快整形过程，初果期树可利用连续重摘心控制树冠，促进花芽形成和培养结果枝组。

(2)萌芽率和成枝力。樱桃树1年生枝上芽的萌发能力的大小称为萌芽率，1年生枝上芽萌发抽生枝条的能力称为成枝力。与其他果树相比较，樱桃叶芽萌芽率高，达90%以上，而成枝力相对较低，也因品种与树势而异。大樱桃自然萌芽率高、成枝力较低，1 年生枝条上的芽几乎全萌发成叶丛枝，成年树的萌芽率稍有降低。整形修剪要充分利用这些特性，以夏剪为主，多缓放，促控结合，促进花芽形成。成枝力较弱的品种，需适量短截，促发长枝，增加枝量。以整形为主的幼树期要尽可能利用夏季新梢的轻、重、极重摘心快速整形并防止鞭杆枝的出现。

(3)顶端优势和层性。顶端优势又称极性生长，是指一个枝条上处于顶端的芽其萌芽力和成枝力均强于下部芽的现象。大樱桃幼树的生长极性很强，突出表现在外围发育枝，无论短截还是不短截其顶部均易抽生数个发育枝，形成二杈枝、三杈枝甚至四杈枝以至更多的轮生长枝，而其下部绝大部分形成短枝，很少抽生中枝。所以，在自然情况下，大樱桃树树冠层性明显。由于顶端抽生大量长枝，消耗了大量养分和水分，会使下部很快光秃，形成盲芽部。因此，削弱大樱桃幼树顶端优势，促发和维持下部结果枝，是大樱桃整形修剪中极为重要的内容。

(4)大樱桃树枝条分枝角度小。大樱桃幼树长枝的角度小，易形成夹皮枝；在人工撑拉或负载过大时，又易自分杈点劈裂，引起流胶，削弱枝势，甚至引起大枝死亡。这种夹皮枝应尽量开角，注意不要选用夹皮枝作为骨干枝。

(5)品种特性。不同的樱桃品种，修剪上的主要差异是在结果枝类型上。以短果枝结果为主的品种，中、长果枝结果较少，此类品种以那翁为代表，在修剪上应采取有利于短果枝发育的甩放修剪，增加短枝数量。树势较弱时，适当回缩，使短果枝抽生发育枝。短果枝结果比例较少，如大紫，为促进中、长果枝的发育，应有截有放，放缩结合。如果不进行短截，中长果枝会明显减少。长、中、短果枝结果比例相当的品种类型应适度修剪。

(6)结果枝特性。大樱桃是侧生纯花芽，顶芽是叶芽。花芽开花结果后形成盲节不再发芽。根据大樱桃长、中、短及花束状结果枝上芽的着生特性，在修剪结果枝时，剪口芽不能留在花芽上，而应留在花芽段以上2～3叶芽上。否则剪截后留下的部分，结果以后死亡，变成干桩，减少结果枝的数量，影响后期产量。所以，大樱桃的中、短及花束状结果枝不能短截。

☞ 81．大樱桃树主要树形及整形方法是怎样的？

大樱桃常用树形大致可分为小冠疏层形、自然开心形、圆柱形、细长纺锤形、丛状形等。

(1)小冠疏层形。具中央领导干，干高50 cm左右，全树5～6个主枝，分2～3层。第一层主枝3个，主枝开张角60°～80°，每一主枝上着生2～3个侧枝和若干结果枝组，侧枝交替分布在主枝两侧，间隔30 cm左右；第二层主枝2～3个，开张角度45°～50°，层间1.2～1.5 m，并着生结果枝组。小冠疏层形适宜3 m×4 m或2.5 m×4 m的株行距。

整形方法：定植后，按60 cm左右定干，当年春季能萌发3～5个强旺枝，选定其中位置高、生长旺、直立向上的枝条作为中心干，再从其余的新梢中选出3个空间分布合理、分枝角度较大的作主枝，剩余各枝作辅养枝或培养结果枝组。各主枝生长40～50 cm长时就进行中度摘心，一般能分生出2～3个新梢，最上部生长旺盛的一枝作主枝延长头，主枝上的其他新梢作侧枝或结果枝培养。作侧枝的新梢每生长30 cm左右时便中度摘心，中心干每生长60 cm左右中度摘心，除主枝延长枝外的分枝作结果枝组培养，视生长部位和空间每生长20 cm或30 cm中度摘心，一年2～3次。对背上枝进行拿枝、拉枝，使其水平或下垂生长，也可疏除。各主枝应在7～8月份开始拉枝至理想角度。经过夏剪的1年生树已具备了第一层主枝和侧枝。中心干一般可生长1 m以上。冬剪时，对各主枝的延长枝短截，对轮生顶芽枝打顶，疏去背上直立枝，中心干如已达到第二层的高度，可在分生2层枝的高度处短截，如达不到高度，就不剪截。翌年萌芽时，当中心干层间枝量不足，可环割或刻芽促进发枝。如果主枝和侧枝量不够，也可用刻芽、摘心配备齐全。继续拉枝开角，中心干生长至第二层的高度时利用摘心分生出第二层主枝。对背上枝及非骨干枝可在5月上旬至6月上旬进行扭梢或连续轻度摘心促进花芽形成，到7～8月份时对2层主枝拉枝开心，各主枝延长枝的新梢同第一年摘心方法继续摘心，增加枝量，至此，树体整形已基本完成。

如定植芽苗，第一年春当季新梢长至75 cm高左右时，摘心定干，促发新梢，以后整形方法同上，但成形晚半年。

(2)自然开心形。这种树形不具中央领导干，干高20～40 cm，全树主枝3～4个，开张角度30°左右，各主枝上下间隔至少30 cm。每主枝上着生6～7个侧枝，开张角度50°～60°。在各级骨干枝上配备各种类型结果枝组。该树形优点是修剪量少，成形快，结果早，产量高，树姿开张，冠内通风透光条件好，结果品质好。不足处是易发生树冠郁闭、偏冠现象，大量结果后，各主枝邻接处易发生劈裂。

整形要点：定植当年于40 cm左右定干，培养出3～5个分布均匀、长势健壮的主枝，待其长30～40 cm时摘去15 cm左右，各促发2～3个侧枝，翌年春季拉侧枝使主枝开角至60°～75°。如主枝数量少，则短截中心干延长枝，促发枝条继续培养。对侧枝延长头留30～40 cm短截，剪口芽留外侧芽。短截后能发出2～3个侧枝，对背上直立枝极重短截留3～5芽，培养结果枝组；斜生侧枝和背下枝根据空间缓放，过密疏除。到了6月下旬新梢长至40～50 cm时，留30～40 cm摘心，继续培养侧枝和结果枝组。翌年主枝、侧枝基本配齐以后，疏除直立枝开心。主侧枝背上发出的新梢及时摘心或拿枝，培养结果枝组。有空间的侧枝继续摘心，空间小的缓放。

(3)圆柱形。有直立或弯曲上升的中央领导干。在中心干上直接轮状着生 15～20 个大中型结果枝组,不分层次,没有主枝,成形后树高 2.5 m 左右,冠径 1.5～2.0 m,呈圆柱形。这种树形整枝技术简单,容易掌握,适合 (1.5～2) m×(2.5～3) m 的高密度栽植的果园采用。

整形方法:定植后根据苗的强弱程度可在 80～120 cm 处定干。同时抹去 40 cm 以下的芽并在 40～120 cm 高度范围内每隔 10 cm 选留一个发育饱满、在中心干上呈轮状分布的芽,其余的芽抹去。在萌芽期,对选留的芽全部进行刻芽。

新萌芽的枝条选最上部、生长势强的枝作主枝,其他各侧生枝每延长 30 cm 左右留 10 cm 左右进行重度摘心或进行开角 90° 以上,中心干每生长 50 cm 左右中度摘心。冬剪时对各枝组适量短截,对下部粗度超过中心干粗度 1/3 的侧枝进行只留基部 1～2 个芽的剪截,中心干中短截。萌芽期对主干上的叶丛枝或极短枝进行刻芽。夏季同第一年继续摘心,对背上枝及非骨干枝可在 5 月上旬至 6 月上旬进行扭梢、摘心促进花芽形成。当 1 年生树体已达 1.5 m 高以上,侧生枝数目较多的树可在翌年春夏季利用化学控制的办法,促进成花,控制树冠,使新梢生长量维持在 20 cm 左右。2 年可成形。

在栽后 2～3 年内,生长季节用化控技术控制树冠,使树体边结果、边生长。结果后冬季对结果枝组进行精细修剪。

圆柱形树形在整形过程中,应注意以下几个方面。

①对干性弱的品种,为了保持中干的生长优势,要控制竞争枝的生长,必要时可扭梢控制。对干性强的品种,可选生长势中庸或偏弱的枝条换头,使中干弯曲延伸。

②防止枝组大型化,对过大过旺的枝组要及早控制。

③大型扭梢枝组要拉平,并严格控制中、后部背上抽生的直立枝,用重摘心或扭梢控制生长;对中心干不能采用短截控制,要用

缓放不剪减弱长势，待中心干顶部结果后，生长势减弱，再落头开心。

(4)细长纺锤形。具中心干，干高 40～50 cm，树高 2.5～3.5 m，冠径 1.5～2.5 m。在中心干上，只有第一层三主枝，以上均匀螺旋状着生势力相近、水平生长的 15～25 个侧生分枝。下部枝略长，上部枝略短，全树修长，顶部呈锐角，整个树形呈细长纺锤形。适于 2 m×4 m 或 2 m ×3 m 的密植矮化栽培。整形方法同小冠疏层形，只是不配备侧枝和第二层主枝。把中心干上的各侧枝拉至水平，生长 20～30 cm 时进行中度摘心，以后视着生部位和空间进行中度或轻度摘心。翌年冬季修剪时，要疏去中心干的竞争枝、背上直立枝。2 年可成形。

(5)主干疏层形。具中央领导干，干高 50 cm 左右，全树主枝 6～8 个，分 3～4 层，第一层 3～4 个，开张角度 60° 左右，每个主枝上有 4～6 个侧枝，第二层 2 个主枝，开张角度45° 左右，第三、四层各有 1 个主枝，开张较度小于 45°，1～2 层主枝上配有侧枝，在各级骨干枝上，培养结果枝组。该树形适合中密度栽植。

主干疏层形对技术条件要求较高，修剪量较大，风光条件较好，结果后树势容易维持，结果部位稳定。整形前，要注意多留辅养枝，以增加枝叶数量，加快扩大树冠，开张好第一层主枝角度，使之达到 60°左右，均衡骨干枝的生长势力。

(6)“V”字形。该树形属于双篱壁架，在先进国家得到普遍应用。由 2 株相距 1 m 分别沿“V”形斜篱壁面对生的大樱桃树组成“V”字形，每一个“V”字形株距 2 m，组成一行。“V”形架行距 3～4 m。

“V”字形支架的建立：支架可用松木或水泥作成，长度 300 cm，直径在 15 cm 左右；将两根支架交叉成“V”字形栽入，即根相连而向行间倒，埋深 0.5 m，支架与水平面夹角为 60°，支架顶端相距 1.8 m，然后用铁丝拉紧固定形成一个“V”字形架；两个

“V”形架之间距离4 m左右；在架的每侧从低到高排设7道铁丝，其中顶端和1.2～1.5 m高处的两根为永久性。每一行树的14根铁丝系在两端的固定物上，铁丝起到支撑树体和整形的双重作用。

整形要点：“V”形架大樱桃定干50 cm，对发出的新梢除留最上一个作为延长头外，其余新梢均沿铁丝拉成水平状，延长头每生长50 cm进行中摘心促发2～3个分枝，同样选留一个枝作为主干继续生长，其余分枝继续沿铁丝拉成水平状，对拉平的新梢当生长到30 cm时轻摘心，促进花芽形成。翌年将侧枝与主枝呈45°角系在铁丝上。第三年继续把新的分枝有次序地排列绑缚于支架上，使分枝占据所有空间，并结合夏季修剪，疏除过密枝。整形后树冠呈“V”字形。树冠高度控制在2～2.5 m。该树形成形快，结果早，易丰产，树势缓和，通风透光好，采收方便，特别适于设施密植栽培，棚架可用来支撑防鸟网。

(7)丛状形。树体结构与自然开心形基本相同，但没有主干或中心干，在近地面处分生4～5个主枝并形成结果枝组。这种树形优点是骨干枝级次少，树体矮，树冠小，成形快，结果早，产量高而且抗风力强，不易倒伏。在整形过程中要注意严格控制旺长枝和开张主枝角度，以免枝条紊乱，树冠郁闭，内膛空秃。该树形适合于中国樱桃和设施栽培。

整形方法：苗木定植后留20 cm定干，当年可分生出3～5个一级枝；生长季节，对一级枝及其延长头生长到40～50 cm时进行摘心，留枝长度30～40 cm，促发二级枝；二级分枝每生长30～40 cm进行摘心，留枝长度10～20 cm，培养结果枝组。第一年冬剪时，对一级分枝根据生长势进行短截，长度不足70 cm的枝，缓放不剪，任其生长。超过70 cm的枝，留20～30 cm短截，如果枝量不足，对强枝保留20～30 cm剪截，剪口芽一律留外芽；翌年春天只对个别旺枝进行调整，生长季节还须连续摘心，增加枝量，其余枝条缓放。翌年冬天基本成形。

从状整枝用于温室时，到翌年春应用化控技术控势，促进早结果，同时适当调整主枝角度，降低冠高。

☞ 82. 大樱桃树的修剪原则是什么？

大樱桃整形修剪应本着因树修剪，随枝造形；统筹兼顾，合理安排；轻剪为主，轻重结合的原则进行。

(1)因树修剪，随枝造形。根据品种的特性和树形要求，不同发育时期及树势强弱等具体情况，从整体出发，从局部着手，确定应该采取的修剪方法和修剪程度。

(2)统筹兼顾，合理安排。根据树体的实际情况，灵活掌握，对具体枝条要进行灵活处理，要使树冠符合丰产树体结构的基本要求，做到主次分明，条理清楚，整形跟着结果走，使整形与结果两不误。

(3)轻剪为主，轻重结合。大樱桃的整个生命周期中，不同发育时期，其生长结果状况有很大差别，整形修剪的目的、所要解决的主要矛盾也在不断变化之中。因此，要根据具体情况确定修剪的程度，当轻则轻，当重则重，做到轻中有重，重中有轻，轻剪为主，轻重结合，达到长期壮树、高产优质的目的。

(4)夏剪为主，冬夏结合。大樱桃由于顶端优势明显，要尽可能利用夏季的开角、摘心、拉枝、短截、拧枝等夏剪措施，进行快速整形和修剪；另外，在生长季节可完成冬剪无法完成的大枝回缩更新和促进成花的任务。冬剪是在夏剪的基础上主要以整形和更新为主。只有冬夏剪结合，才能完成大樱桃树的整形修剪工作。

(5)开张角度，促进成花。大樱桃枝条开张角度后枝势减弱，生殖生长增强，有利于提早成花。主要开张骨干枝角度，使树体长势中庸，有利于丰产稳产。

☞83. 冬季修剪的方法有哪些?

(1)短截。剪去1年生新梢的一部分叫短截。根据剪去的程度不同,又分轻、中、重和极重短截。

①轻短截:短截程度较轻,一般只剪去枝条的1/4～1/3。轻短截有利于削弱枝条的顶端优势,提高萌芽率,增加短枝量,形成较多的花束状果枝。在幼树上对水平枝、斜生枝进行轻短截,特别是对成枝力强的品种,如大紫、早紫等品种,多行轻短截,有利于提早结果。在有空隙的地方,为了增加短枝量,缓和强枝的生长势,也可采用。

②中短截:短截程度稍重,一般剪去枝条的1/2左右。在樱桃幼树上对骨干枝的延长枝和外围发育枝进行中短截,一般可抽生3～5个中长枝、5～6个叶丛枝;对树膛内的中庸枝进行中短截,在成枝力强的品种上一般只抽生2个中长枝;在成枝力弱的品种上,除可抽生1～2个中长枝外,还能抽生3～4个叶丛枝。所以,中短截在骨干枝修剪中是应用最多的方法之一。此种短截方法,有利于生长优势,增加分枝数量,培养结果枝组,也有利于促进后部果枝的长势。

③重短截:短截程度较重,一般剪去枝条的2/3左右。此种短截多用于幼树的平衡树势,或在骨干枝先端培养结果枝组。欲在骨干枝的背上枝培养结果枝组时,第一年先重短截,翌年对重短截后发出的新梢,强者保留3～4个芽,再极重短截,培养成结果枝组;中等的可缓放,形成单轴型结果枝组。重短截能加强顶端优势,促进新梢生长,提高营养枝和中、长枝的比例。

④极重短截:短截程度最重,只留枝条基部4～5个芽。对要疏除的枝条基部有腋花芽时,用极重短截,保留基部的花芽,待结果以后再疏除。如枝条基部无腋花芽,经过极重短截后,可培养成

花束状结果枝。也可用此法控制过旺枝条。

(2)缓放。对1年生枝条不加修剪,任其自然生长称缓放。缓放的作用和短截完全相反。主要是缓和树的生长势,调节枝量,增加结果枝和花芽数量,提早结果和提高坐果率。

据山东省烟台市果树科学研究所调查,树龄、品种和栽培条件相同的树,缓放后的枝量少于短截的。甜樱桃的枝条缓放后,一般能维持顶端优势,提高萌芽率,降低成枝力,减缓新梢长势,增加花束状果枝比例。

缓放效果常因枝条长势、着生部位和生长方向不同而异。如果缓放长强枝和直立的竞争枝,容易形成"鞭杆枝",长势更旺,从而破坏了从属关系,扰乱树形,推迟结果年限。因此,对甜樱桃的幼树和初结果树,适当缓放一些中等斜生枝条,可有效地增加枝量,减缓长势,促生较多的花束状果枝,提早结果和早期丰产。对成枝力强的品种,连年过多地缓放枝条,易造成枝条密挤,光照不良,结果部位外移。

(3)疏枝。就是把枝条从基部剪除。主要疏除过密过挤的辅养枝、树形紊乱的大枝、徒长枝、细弱的无效枝、病虫枝等。疏枝的作用是可以改善光照条件,减少营养消耗,使旺树转化为中等树,促进多成花,平衡枝与枝之间的势力。

疏枝具有双重作用。由于疏掉了一部分枝叶,造成伤口,对全树和被疏掉的母枝有削弱和缓和长势的作用。疏除的枝越大,量越多,对全树和被疏除的母枝削弱和缓势的作用越明显。疏枝对局部有抑前促后的作用,即对疏除枝造成伤口的上部枝条有削弱作用,而对伤口下部枝条有促进生长的作用。

在樱桃树上,一次疏枝不可过多,对大枝也不宜疏除。以免造成伤口流胶或干裂,削弱树势。如树形紊乱,非疏除不可时,也要掌握分年度、逐步疏除大枝,防止过急,掌握适时适量为好。对疏除造成的大伤口,由于伤口较大,表面粗糙,要用刀将锯口削平,用

2% 硫酸铜溶液,或用 0.1% 升汞水消毒,然后涂以保护剂,以防伤口干裂或腐烂。保护剂有以下几种。

①保护蜡:用松香 2.5 kg,黄蜡 1.5 kg,动物油 0.5 kg 配制。先把动物油放入锅中,加温火,再将松香粉和黄蜡放入,不断搅拌至全部熔化,熄火后冷却即成。使用时用火熔化,然后用毛刷蘸蜡涂抹锯口。

②豆油铜素剂:用豆油 1 kg,硫酸铜 1 kg,熟石灰 1 kg 配成。先把硫酸铜和熟石灰研成细粉,然后把豆油倒入锅内熬煮至沸,即将硫酸铜和熟石灰加入油中,充分搅拌,冷却后使用。

③牛粪石灰浆:用牛粪 16 份,熟石灰和草木灰各 8 份,细河沙 1 份,加水调制而成。制成后呈糨糊状,用时用刷子把灰浆抹在锯口上。

(4)回缩。将多年生枝剪除或锯掉一部分,留下一部分称回缩。盛果期树的新梢生长势逐渐减弱,同时有些枝条下垂,树冠中下部出现光秃现象。为了改善光照,减少大枝上的小枝数目,使养分和水分集中供应留下的枝条,回缩对恢复树势很有利。但同时应加强肥、水管理,以使枝条正常生长和结果。回缩也可用于结果枝和结果枝组的更新复壮。

☞ 84. 夏季修剪的方法有哪些?

夏季修剪是在生长季节中进行修剪,也称生长季修剪。

(1)摘心。枝条在未木质化以前摘除新梢的先端部分为摘心。摘心的作用,主要是控制枝条的旺长,增加分枝级次和枝量,加速扩大树冠,促进枝条向结果枝转化,有利于幼树提早结果。这项措施主要用于幼树和旺树。

据山东省烟台市果树科学研究所试验,对 3 年生的那翁和大紫品种摘心后,由于枝条生长停止早,长枝基部易形成腋花芽,开花株率达 10% 以上。所以,幼树适时摘心,是促进早结果的有效措施。

摘心的时间,可分早期摘心和生长旺季摘心两种。早期摘心,一般在开花后 7～10 d 内进行,对幼嫩新梢保留 10 cm 摘心,这样除顶端发生一中等大的枝条外,下部各芽均能形成短枝,主要用于控制树冠和培养小型结果枝组。生长季摘心,一般在 5 月下旬至 7 月中旬进行,对新梢保留 30～40 cm 摘心,主要用于增加枝量。如树势旺盛,摘心后的副梢仍很旺,也可进行连续摘心 2～3 次,能促进形成短枝,提早结果。

(2)扭梢。将半木质化的新梢扭曲下垂称扭梢。在 5 月下旬至 6 月上旬新梢尚未木质化时,将背上直立枝、竞争枝及内向的临时性枝条,在距枝条基部 5 cm 左右处,轻轻扭转 180° 角,使木质部、韧皮部有部分裂痕,但以不折断为度。当年秋季扭伤部分可完全愈合。经扭梢的枝条,长势缓和,上部积累养分多,顶芽和侧芽均可获得较多的养分,有利于分化成花芽。即使当年不能形成有花芽的枝条,第二年也能形成花芽。扭梢过早,新梢因未半木质化,组织嫩弱,容易折断,且因叶片少,不利于形成花芽。扭梢过晚,枝条已木质化而脆硬,不易扭曲,用力过大容易折断,造成死枝。

(3)拿枝。又称拿软化。是控制 1 年生直立枝、竞争枝和其他壮营养枝的方法。7 月份分枝已木质化,从枝条的基部开始,用手折弯,然后向上每 5 cm 弯折一下,直到先端为止。如果枝条长势过旺,可如此连续进行数次,枝条即能弯成水平或下垂状。经过拿枝,改变了枝条的姿势,削弱了顶端优势,使生长势大为减弱,有利于形成花芽。

(4)拉枝。为了调整骨干枝或辅养枝的角度,缓和树势,促进早结果,而采取拉枝措施。一般用草绳等物,在末端绑上木桩埋入地下,上端拴上木钩,或垫上废布、废胶皮等物,防止伤及被拉枝条的皮，将被拉枝拉开角度。经过一个生长季节以后，角度基本固定时，再解开拉绳。拉枝时间在春季开春以后，或6月份采收以后进行。拉枝时应防止大枝劈裂，也要防止因拉枝的支撑点过高，被拉的枝中部向上拱腰，造成腰角小和冒条现象。拉枝的拉绳一定要埋在树盘以内，以免影响行间作业。

(5)疏枝和回缩。樱桃采收后，为了调整树体结构，改善树冠内通风状况，要进行修剪。修剪方法主要是疏枝和回缩。对严重影响树冠内通风透光，又无保留价值的强旺大枝，可从基部疏除；对只影响局部光照条件，但又有一定结果能力的大枝，可在有分枝处缩剪。具体处理时，对低级次的大枝(指骨干枝)多用缩剪，高级次的枝(指侧枝)可用疏剪。此项措施，在壮树增产方面有明显效果。

☞ 85. 结果枝组如何培养？

结果枝组的培养应根据品种的特性，枝组的位置、空间等灵活掌握，常用的方法如下。

(1)背上直立枝和强旺枝。根据空间大小有两种处理办法：①空间小时，可用极重短截修剪，培养成小型枝组或紧凑型结果枝组；②空间大时，采用重短截，培养成中、大型结果枝组。

(2)骨干枝上的中、弱枝。因其生长势缓和，可培养成小型结果枝组。方法是：第一年轻短截，剪口下发出一中长枝，其余各芽形成短枝；翌年对中长枝进行中短截，一般也只能发出一长枝或一中短枝，其余为短枝；第三年只对长枝短截，其余枝不动。

(3)成枝力弱、短枝比例。大多品种经缓放后往往呈单轴式延伸，形成鞭杆式结果枝组，后部成串短枝。连放到一定程度，应及时回缩复壮。

☞86. 不同树龄的整形修剪有何特点?

(1)幼树的修剪。甜樱桃幼树时期,主要是建立牢固的骨架。在整形的基础上,对各类枝条的修剪程度要轻,除适当疏除过密、交叉的乱生枝外,要尽量多保留一些中等枝和小枝。轻短截1年生枝,促发较多的分枝,以利骨干枝的生长,3~4年生的幼树,主侧枝的延长枝和侧生枝的短截程度,应根据枝条生长强弱和着生位置来决定。延长枝一般宜剪留40~50 cm,侧生枝宜短些,以利枝条的均衡生长。延长枝一般留外芽,枝条直立性较强的品种也可以留里芽,待翌年冬剪时剪除里芽,用外芽当延长枝,这样可以开张角度,抑制其过旺生长,树冠内的各级枝上的小枝,基本不动,使其尽早形成果枝,以利提早结果和早期丰产,防止内膛空虚。

在幼树整形时,还要注意平衡树势,使各级骨干枝从属关系分明。当出现主、侧枝不均衡时,要压强扶弱,对过强的主枝、侧枝进行回缩,利用下部的背后枝作主枝头,延长枝适当重剪,这样树势可逐步达到平衡。

(2)结果初期树的修剪。结果初期,是指从开始开花结果到大量结果之前的这段时期。这个时期为整形的后期,其主要任务是培养各种类型的结果枝组,并进一步完成整形工作。在修剪上应以甩放为主,通过甩放缓和树势,减少长条数量,避免因短截过多造成枝条密生,光照恶化。大紫类大樱桃以中长果枝结果为主,结果初期本着甩放为主,回缩为辅,放缩结合的原则培养中长结果枝。

这一时期修剪的主要特点是缓和树势,积极培养各种类型的结果枝组,为大量结果打好基础。

(3)盛果期树的修剪。在正常管理条件下,大樱桃由初果期到盛果期的过渡年限很短,通常为1~3年,但管理不当,时间可能延长。盛果期修剪的主要任务是维持健壮树势和结果枝组的生长结果能力,保证长期高产稳产。

大樱桃大量结果之后,随着年限的加长,树势和结果枝组逐渐衰弱,结果部位外移。应采取回缩和更新的手法,促使花束状果枝向中长果枝转化,以维持树体长势中庸和结果枝组的连续结果能力。总之,进入盛果期的树,在修剪上一定要注意甩放和回缩适度,做到回缩不旺,甩放不弱。这样培养出来的结果枝组才能结果多、质量好,达到长期稳产壮树的目的。

(4)衰老树的修剪。樱桃树一般在 30 年生以后便进入衰老期,树冠呈现枯枝、焦枝,甚至缺枝少杈,树冠不完整,产量下降。此时期的修剪任务主要是及时更新复壮,重新恢复树冠。因为樱桃的潜伏芽寿命长,大中枝经回缩后容易发出徒长枝,对这些徒长枝择优培养,2～3 年内便可重新恢复树冠。在截除大枝时,如在适当部位有生长正常的分枝,最好在此分枝的上端回缩更新。这种方法对树损伤小,效果好,不致过多地影响产量。另外,有分枝的存在,也有利于伤口的愈合,利用徒长枝培养新主枝时,应选择方向、位置、长势适当,向外开展伸张的枝条。过多的应去除,余者短截,促发分枝,然后缓放,使其成花,形成大中型枝组。需要注意的是,去除大枝时,若在冬季,伤口不易愈合常引起流胶而死。最好在萌芽后进行。

另外,进行骨干枝更新时,留桩要短,以 30～40 cm 长度为宜,最多不能超过 50 cm。留桩过高,抽枝能力弱,更新效果不佳。更新时间以早春萌芽前进行为好。冬季更新,抽枝力、萌芽率显著降低,效果不佳。

☞ 87. 不同品种的整形修剪有何特点?

(1)短果枝结果为主的品种类型。这类品种以那翁为代表,在修剪上应采取有利于短果枝发育的技术措施。为此，应以甩放为主，通过甩放，增加短果枝的数量。对结果树一般不采取短截手法，因为短截促发中长果枝，短果枝的数量必然减少，影响产量的提高，当树势较弱时，进行适当回缩，使短果枝抽生发育枝，进行枝组更新，新发生的发育枝继续甩放，促生短果枝，如此反复。

（2）中、长果枝结果为主的品种类型。这类品种以大紫为代表，为促进中、长果枝的发育，在枝条的处理方法上应遵循截中有放、放中有缩、放缩结合的原则。采取有利于中、长果枝发育的技术措施。这类品种如果不进行修剪，中、长果枝明显减少，产量必然下降。

（3）长、中、短果枝结果类型。这类品种不同长度的果枝着果大致相同，或长果枝略占优势，或短果枝略占优势，对这类品种应进行适度修剪。近年来，我国先后从国外引进不少大樱桃品种，应在充分了解其结果习性的基础上，分别采取适合品种特点的修剪方法，实现丰产、优质的栽培目标。

☞ 88. 大樱桃整形修剪中应注意哪些问题？

（1）甜樱桃的树杈易劈裂，夹角小的枝不宜作主枝，应及早疏除。

（2）冬季修剪时疏除大枝的伤口不易愈合，容易流胶。宜在生长季节或采收后疏除，伤口愈合快且不易流胶。疏除时伤口要平、要小。最忌留“朝灭疤”伤口，这种伤口不易愈合，容易造成木质腐烂。

（3）甜樱桃树慎用环剥技术，环剥后易流胶和折断。

（4）甜樱桃长旺枝往往出现 3～5 个轮生枝，应在其发生当年的生长期疏除，最多保留 2～3 个。过晚疏除伤口大，易流胶，对生长不利。

(5)冬季修剪虽然在整个休眠期内都可进行,但越晚越好,一般接近芽萌动时修剪为宜。修剪早了,伤口失水干枯。

(6)樱桃修剪中存在较多的问题:

①幼树整形上普遍存在着短截过多,短截的年限也较长,大枝多,以致造成枝条密集,光照条件不良,树形紊乱。改造这类树时,不能大杀大砍,需去除的大枝要分批去掉。

②结果树在修剪中不分品种,一律回缩短截。如大紫品种回缩短截过多,会引起外围枝徒长,内膛枝空虚,致使光照不良,影响结果。对那翁品种结果后进行回缩,则不易再抽生枝条,使结果枝越来越少,影响产量。对偏弱树回缩过多,会加速鞭杆枝组的死亡。大紫樱桃若短截过重,引起树势旺长时,可先缓放,后回缩,改善光照条件;结果部位外移过重,可进行大更新,重新培养树形。

③不分树势强弱,采用一个办法修剪。对长势旺的树,应当缓放,如果回缩短截,则可能越剪越旺;对长势偏弱、结果枝数量少的树,应适当回缩,如继续缓放,则易造成开花不结果。

④不分生长季节,不注意年龄阶段,采用相同的修剪方法。对幼树除按整形要求对主枝延长枝进行适度短截,促发新梢扩大树冠外,其他中短枝尽量不动,以利长树又提早结果。从长远利益考虑,幼树主要是培养树形,为将来丰收打下基础。在培养树形的基础上,培养结果枝组。那翁品种注意培养鞭杆式枝组,不宜短截。大紫品种注意培养有枝轴的结果枝组,不宜缓放培养鞭杆式枝组。

☞ 89. 大樱桃整形修剪后应达到的群体指标有哪些?

无公害大樱桃要求整形后应达到以下指标:覆盖率(树冠投影面积与植株占地面积之比)维持在 75% 左右;每 666.7 m^2 果园 1 年生短、中、长枝和营养枝的总和为 15 万条左右,冬季修剪以后为 8 万条左右;要求中短枝比例占 90% 以上,优质花枝率占

25%～30%;要求花芽分化率占总枝量的30%左右。冬剪后花芽、腋芽比以1∶(3～4)为宜,每666.7 m^2花芽留量1.2万～1.5万个,数量过多时可通过花前复剪和疏果来调整;成龄树新梢生长量(树冠外围的年生长量)要求达到35 cm左右,幼龄树以50 cm左右为宜。

☞90. 大樱桃的授粉有何特性?

在气候条件正常的条件下,大樱桃的有效授粉期为花开后1～4 d。树种、地域、品种以及授粉期的温度、湿度和其他因子都会影响有效授粉期的长短。

不同的授粉时期对坐果率的影响很大。大樱桃最佳授粉时期为花后4～5 d,而前3 d授粉效果最好,陈晓流等对红宝石品种不同时期人工授粉的坐果率统计见表10。

表10　早红宝石不同时期授粉的坐果率

授粉时间	自然授粉	开花当天	第2天	第3天	第4天	第5天
坐果率/%	45	62.75	54.55	51.85	26.92	0

通过表10可以看出:在正常的气候条件下,早红宝石在自然条件下可保证45%的坐果率;而采用人工授粉,在花后1～3 d内授粉效果最好,第4天坐果率下降,花后第5天几乎不坐果,人工授粉越早越好。

☞91. 影响大樱桃开花授粉的外界因素有哪些?

影响大樱桃开花授粉的最主要因素是温度。中国樱桃开花最早,在日平均气温7～8℃时开花,大樱桃开花期稍晚,在日平均气温10℃时开花。一般在春季日平均气温、地温较高的年份萌芽开花早。樱桃花在开花期遇 $-1^{\circ}C$ 低温时就受冻害；$4^{\circ}C$ 时雌蕊即受冻害，因此花期气候因子对正常开花尤为重要。另外，花期大风、低温、湿度过大或遇连阴雨，不利于昆虫的活动，对大樱桃的授粉受精也十分不利。温度较高，花期短；温度低，花期相对较长。

☞92．提高大樱桃坐果率的措施有哪些？

（1）选择合适的栽培品种。选择的栽培品种一般应具有：自花结果率高，单果重高，丰产，树势中庸，抗性强，易于配置授粉树，且花期能避开当地晚霜危害。

（2）配置合适的授粉树。大樱桃多数品种自交不亲和，需要配置授粉树进行异花授粉才能结实。授粉品种要具备与主栽品种之间花粉亲和、开花期一致，适应性强、果实的经济性状高的基本要求。目前大樱桃授粉树组合的研究并不深，每一个品种的最佳授粉树不十分明了，生产上一般采用一个主栽品种数个授粉品种互相补充的模糊配置方式。这在一定程度上影响了大樱桃的商品性。

（3）增加树体的贮藏养分和花前肥水管理。大樱桃的萌芽开花过程需要的营养主要是先一年树体的贮藏养分，因此要提高坐果率，首先要抓好先一年秋施基肥工作，做到有机肥为主，每 666.7 m^2 施优质有机肥 3～4 t；另外，在落叶前 1 周叶面喷施 5％尿素，提高树体贮藏养分；还要在春季萌芽前土施速效氮肥，满足大樱桃开花坐果后的营养需求。

（4）加强果实发育期的营养供应和调节。大樱桃从开花后坐果和果实膨大所需的营养均来自当年的养分供应，要提高坐果率，首先要在花期叶面喷施 0.3％ 尿素＋0.2％ 硼砂＋600 倍磷酸二氢钾，以满足开花期间的营养需要和促进花粉管的伸长，提高坐果率；其次在幼果期加强肥水管理，对旺长的新梢要及时摘心和留

5～6片叶剪梢，防止新梢和幼果争夺养分，此时果实发育、新梢生长、花芽分化同时进行，养分供应矛盾十分突出，要勤施促果肥，满足树体生长发育的需求；果硬核后要加强水分管理，水分过多过少，都会造成果实发黄脱落；最后要加强疏花疏果，减少营养损耗。

☞93．如何进行疏花芽、疏花？

（1）疏花芽。大樱桃进入盛果期后，花芽量极大，尤其是花束状结果枝数量剧增，营养枝减少，如果结果过多，就会造成树势偏弱，而樱桃树一旦树势变弱很难恢复。一般的成年樱桃树，有25％～40％的花授粉受精即可保证当年的产量，因此，从萌芽期就可进行疏花芽。

疏花芽的方法：春季芽体膨大后能明显地分辨出花芽与叶芽，此时可根据当年花芽的多少进行疏花芽，疏除发育不良、芽体瘪、不饱满的花芽，每个花束状果枝可保留3～4个生长健康饱满的花芽。疏花芽是最有效的促花、保果技术。一方面，在萌芽前疏除花芽，可节省许多养分；另一方面，留下的饱满花芽容易授粉受精，坐果率高，还减少了后期疏花、疏果的工作量。

（2）疏花。大樱桃开花后，根据当年的花量情况进行疏花，剪去下垂枝、细弱枝，以及连续多年结果的花束状结果枝；在花蕾期疏除发育差的小花蕾和畸形花蕾；开花时及时疏去双子房的畸形花，弱质花。每个花序可留1～2朵花。

要想缩短同一品种果实成熟期的差距，原则上应保障开花、授粉的时间一致。生产上有效的方法是疏掉在树上占20％～30％的晚花，因为这些花发育得较慢，在花期遇低温的年份有利用价值，在气候正常的年份其开花、授粉、坐果与先开的花、先坐的果实竞争养分，且这部分花发育成的果实成熟期晚、单果重较小，疏掉后对生产有益而无害。

☞94. 花期如何利用昆虫授粉？

利用昆虫授粉主要是通过昆虫的采花活动达到授粉的目的，具有省工、省力、效果好的优点。在内陆地区早春回暖快，花期多晴朗天气，有利于昆虫采花活动。注意保护野蜂、花期果园放蜜蜂及放养壁蜂等方法，均有利于提高坐果率。据邵达远调查，凡进行放蜂的樱桃园，一般提高花朵坐果率 10%～20%或以上，增产效果明显，也较省工。但须注意花期禁止喷药，以免为害采花昆虫，影响授粉。

(1)蜜蜂授粉。在大樱桃花期，每 666.7 m^2 放养 1～2 箱蜜蜂即可。我国果农素有在果园放养蜜蜂的习惯。但蜜蜂出巢活动需天气晴朗、无风、气温较高等条件，采花效果不如野蜂和壁蜂。

(2)壁蜂授粉。壁蜂有许多种类。角额壁蜂(又名小豆蜂)是日本果园采花授粉应用最多的一种壁蜂。中国农业科学院生防室 1987 年从日本引进了角额壁蜂，现已在威海、烟台等地推广应用。角额壁蜂具有春季活动早、活动温度低、适应性强、活泼好动、采花频率高、繁殖和释放方便等优点，是甜樱桃园访花授粉昆虫中的一个优良蜂种。

在大樱桃园利用角额壁蜂授粉时，蜂巢宜设置在背风向阳的地方，蜂巢距地面 1 m 左右，每巢内 250～300 支巢筒，其中，巢筒顶端为绿色的占 60%，红色的占 20%，黄色的占 14%，白色的占 6%。为便于雌蜂出入，巢筒长度以 15～20 cm 为宜，壁径 5～6 mm。为提高蜂的回收率，要将蜂巢附近的野菜铲除，并栽植十字花科蔬菜。这样，子蜂的回收率可达 1:2。烟台市郊应用角额蜂对红灯授粉，花朵坐果率达到 27.9%～31.2%，比自然授粉提高 16%～16.6%。

角额壁蜂采花具有单一性，采花期寿命仅 15 d 左右，飞行距离在 60 m 以内。气温低于是 13℃ 时,活动力下降,风速超过 10 m/s 时,采花蜂量减少 60%。一天中,以 11～15℃ 时为采花活动盛期。

角额壁蜂一般在开花前 5～7 d 释放,将蜂茧放在果园提前准备好的简易蜂巢(箱)中,每 666.7 m^2 需 80～100 头,每 666.7 m^2 放蜂箱 15～20 个。蜂箱离地面 45 cm 左右,箱口朝南(或东南),箱前 50 cm 处挖一条小沟或坑,备少量水,存放在穴里,作为壁蜂的采土场。一般在放蜂后 5 d 左右为出蜂高峰期,此时正值甜樱桃始花期,壁蜂出巢采花活动时间,也正是甜樱桃授粉的最佳时间,因而授粉效果较好。

☞ 95. 花期如何人工辅助授粉?

(1)采粉。要做好人工授粉,首先要采花取粉。采花宜在铃铛花期进行,以与主栽品种授粉亲和力高的品种为主,采集混合花粉进行授粉。于绍夫等(1989)研究表明,在采集的 4 个甜樱桃品种中,以大紫的花粉量最高,每千克鲜铃铛花可产带药壳干花粉 23.8 g;晚红 2 号、那翁、红丰等品种,花粉生产量少而接近,分别为 15.7 g、12.3 g 和 12.0 g(表 11)。

表 11　4 个甜樱桃品种鲜铃铛花的花粉生产量

品种	花朵鲜重(g)	花朵数(朵)	鲜花药重(g)	带药壳干花粉重(g)
大紫	1 000	9 048	48.0	23.8
晚红 2 号	1 000	750	49.3	15.7
那翁	1 000	7 800	35.0	12.3
红丰	1 000	548	22.0	12.0

注:于绍夫等,1989。

(2)授粉方法。对大樱桃人工授粉时,既可人工点授,也可采用授粉器授粉。人工点授,即以毛笔或橡皮头蘸取花粉,点授到花朵柱头上即可。一般以开花的第一、二天点授效果最好。

由于大樱桃花量大，果又小，人工点授用工多，不容易在生产上推广。当前生产上采用的授粉器授粉是在不需采粉的情况下进行人工授粉的一种比较简单的方法。一般用柔软的家禽羽毛做成一毛掸，也可用市售的鸡毛掸，用这种掸子在授粉树及主栽品种树的花朵上轻扫，便可达到传播花粉的目的。因为大樱桃柱头接受花粉的能力只有 4～5 d，因此人工授粉必须在盛花后 3～4 d 内完成，且越早越好。为保证不同时间开的花都能及时授粉，人工授粉应反复进行 3～4 次。采取这种方法授粉，花朵坐果率可提高 10%～20% 或以上。

☞ 96. 大樱桃的落花落果有何特点？

樱桃树的落花落果一般有三次高峰。

第一次实际上是落花，花朵自花梗基部形成离层而脱落，多发生在花后 1～2 周内，各树种间大同小异。脱蒂的主要原因是花器中的雌蕊败育，以及部分花朵未授粉受精。此外，花期及花期前后天气不良（发生冻害、低温阴雨、大雾、大风等）造成雌蕊生殖机能衰退，或影响正常的授粉受精过程，也都会加剧这次脱落。

第二次落果高峰（第一次生理落果）发生在花后 2～4 周，树种间略有差异。据日本对佐藤锦研究，花后 10～16 d 是佐藤锦的第一次生理落果期。这次落果在形式上是有一定大小的幼果脱落，但究竟是小幼果还是未曾受精的膨大子房的脱落，认识上尚不一致。目前多数资料认为，这次脱落是由于受精不良和胚乳发育受阻所致。树体营养匮缺、不良气候条件均可引起胚乳的中途败育，而加剧脱落。第二次落果与第一次落果相同，均带有花托和萼片。

第三次落果高峰发生在硬核期（第二次生理落果）。佐藤锦在花后 24～31 d 是第二次生理落果期。设施栽培大约是果实生长第Ⅰ期末(核尚未硬化)和生长第Ⅱ期(核已硬化)之间。此间落果离层多在幼果与果梗的花托间产生。幼果脱落后的一段时间内，花托和果梗残留柱上。落果主要是由于供应果实生长的同化养分不足,导致受精胚中止发育所引起。凡竞争力较弱的果实,内部种子先端种皮首先开始发生褐变,而后果实即萎黄脱落。着果过多、叶果比小和新梢旺长的树,养分竞争激烈,脱落均较重。

核果类果树的生理落果也是树体对开花结实过多、造成负荷过重时的一种反馈调节。通过扩大有效叶面积和提高叶功能,或降低营养器官的生长量(如疏剪无用新梢、摘心、喷布生长延缓剂)等,都有利于提高坐果率。但坐果率的提高有一定的限度。通常在正常花量的前提下,桃的大、中果型品种有5%～10%,桃的小果型品种及李、杏等的大果型品种有15%～25%的最终坐果率,大樱桃有25%左右的最终坐果率即能满足生产上的需要。当花果密度过大时,用疏花疏果的方法降低生殖生长量,可能比其他措施对改善坐果状况更有效。这在生长衰弱的树上应用效果尤其明显。

☞ 97. 大樱桃如何进行疏果?

据日本山形县研究,大樱桃的合适坐果量为开花数的15%～20%,最大坐果量不能超过开花数的50%,叶、果比为4～5,最低要为3。

一般在第二次樱桃生理落果(硬核期)结束后进行,每个花束状短果枝留3～4个果,疏去小果、双子果、畸形果和细弱枝上过多的果实,还要疏掉光线不易照到而着色不良的下垂果,保留横向及向上的大果。通过疏果,可进一步调整树体的负载量,促进果实增大,提高果实的着色和含糖量,提高品质。

日本国山形县对佐藤锦的提前疏果进行了研究,认为在第一次生理落果（花后 10～16 d）结束后，花后 16～21 d 直径不足 10 mm 果实开始变黄萎缩，并在花后 28～31 d 前几乎全部落掉，根据这一研究，本来在硬核期后进行的疏果，可以提前到硬核前进行，即花后 16 d 开始，可对直径不足 10 mm 的果实进行疏果。

☞ 98. 大樱桃果实的发育规律是怎样的？如何促进果实膨大？

樱桃的果实发育期从落花后就开始。中国樱桃从开花到果实成熟需 40～50 d。大樱桃早熟品种 35～40 d，中熟品种 45～50 d，晚熟品种需 55～60 d。大樱桃的果实发育期大体可分为三个阶段：坐果后的第一次果实膨大期、硬核和胚发育期、成熟前的第二次果实膨大期，其中第一次果实膨大期的生长量占成熟时果重的 50%～75%，是大樱桃果实管理的关键时期，也是大樱桃与其他核果类果树果实发育的区别。

花后到樱桃果实硬核期前是需肥需水的高峰期，也是大樱桃坐果和果实膨大的关键时期，此期水肥管理水平的高低直接决定果实的质量和产量。以土施速效氮肥为主，结合叶面追肥，以满足大樱桃坐果和果实膨大对肥水的需求。在果实膨大期，当新梢长到 20 cm 左右进行反复摘心，抑制枝条的生长，减少新梢与幼果的养分竞争，可显著加大果实生长所需的养分供应，促进果实膨大；果实采收后的花芽分化期是树体养分需求高峰期，此时应加强肥水管理，促进花芽良好分化，为翌年打好基础。冬施基肥时要多施有机肥和多元复合肥，增加休眠期前树体的营养水平。通过冬剪，调节合适的枝量和花量，确保树体负载适中。

☞ 99. 大樱桃裂果的原因有哪些？如何预防？

大樱桃成熟期雨量多的地区，容易产生裂果现象，严重影响果实的外观品质和商品价值。直接原因是果皮吸水后，果皮和果肉生长速度不致，这是一种生理障碍。裂果后，果实质量降低，价格下滑，严重影响经济效益。

(1)大樱桃裂果机理。大樱桃果实表面分布有许多气孔，这些气孔随着果实的成熟并不能像苹果、梨那样形成木栓的皮孔。所以，当外部水分由气孔大量进入果肉组织时，就会造成果肉组织膨胀，果皮拉紧，当超过果皮拉力强度的限制时就会造成裂果。另外，果实成熟期，果实的吸水能力已大于叶片。

在某些情况下，大樱桃的外果皮角质层还会产生许多小裂缝。这些小裂缝每年在幼果期出现，在果实顶部，从花落处为中心，梗凹部以果梗为中心，小裂缝均表现出同心圆的特征。这些小裂缝在果实不异常膨大时还达不到果肉。但在成熟前如果大量吸水，果实迅速膨胀，裂缝就会深达果肉而造成裂果。

大樱桃的裂果现象按发生部位不同可分为果顶裂果、果梗裂果、缝合线裂果和不规则裂果等多种情况。

(2)防止和减轻裂果的措施

①选择硬肉、抗裂果品种，同时根据当地历年的雨季日期，选择早熟或晚熟品种，使成熟期提前或拖后，以避开雨季。

②加强樱桃果实发育后期水分的管理，维持稳定、适宜的土壤水分。一般土壤含水量为田间最大持水量的60%～80%。后期灌水要少量多次，防止土壤水分急剧变化，有条件的地区，要尽可能采用微喷灌技术。后期雨水多的地区，要加强果园排水。

③搭设防雨棚：在樱桃着色前在树冠上搭设临时防雨棚，如日本山形县的做法，是在樱桃树上采用加盖活动的塑料薄膜屋顶的方法来避雨，以防发生裂果，效果很好。

④利用植物生长调节剂：花后20 d喷10×10^{-6}赤霉素，可减少裂果；采收前25 d喷12×10^{-6}赤霉素+0.3%氯化钙水溶液，每隔3～6 d喷一次，可大量减少裂果。

☞100. 双子果现象如何预防?

双子果指一个小花柄上具有两个以上的雌蕊产生的果实。在上一年的花芽分化期仔细剥离芽的鳞片,能够发现一个花芽中存在两条或更多的雌蕊。翌年花期可以发现双子果的花为多瓣花,很易识别。双子果只能用作加工,商品性很低,应尽量避免双子果的发生。

大樱桃花芽分化期遇到持续高温干燥天气,翌年很容易出现双子果。在我国华北、中原、西北等内陆地区这种现象较多。

预防双子果的措施是:果实采收后的花芽分化期要加强水肥管理,尤其采果后 2 个月是关键。如果该期气候高温干燥,在进行土壤水肥管理的同时,每隔 10 d 左右叶面施一次磷酸二氢钾,并在补充养分的同时,增加果园湿度,可明显减少双子果现象的发生。花期及时疏除多瓣花和多雌蕊的花朵;幼果期尽早疏除双子果。

☞101. 如何增进果实着色提高品质?

大樱桃果实发育过程中,果皮中的色素会发生一系列的变化。甜樱桃未成熟果,果皮细胞中含有大量紫黄素,随着果实的成熟,花色素苷大量增加。红色果实的着色情况如何,是果实品质的重要标志。因此,促进果实着色,是提高果实品质的重要技术措施。促进果实着色的方法,包括整形修剪、摘叶、绑叶和铺设反光材料等措施。

(1)采用高光效树型。高光效树型的最大特点是主枝开张,光照充分。整形要点是防止上强下弱,遮挡下部主枝的光照。生产上采用的高光效树形主要有开心形和改良主干形等。在实际应用当中要根据因势造型的原则，真正做到有形不死，无形不乱。

(2)切实重视夏剪。当新梢长至 30 cm 左右时，进行第一次重摘心，摘至 5～10 cm。果实着色成熟期第二次重剪摘心，剪至 10～15 cm 处，一方面可通风透光，另一方面可促进花芽分化。

(3)摘叶与绑叶。借鉴苹果上的管理经验，在果实着色期，将遮挡果实的叶片适当摘除。果枝上的叶片，对花芽分化有重要作用，摘叶切忌过重。摘叶后，用橡皮筋将留下的叶片绑在一起，这样可以在尽量减轻叶片遮光的情况下最大限度地多留叶。该操作要求在果实着色期进行。果实采收后要及时解散绑叶。采用该措施后，果实着色早，上色均匀，成熟期一致。

(4)铺设反光膜。同样也是借鉴苹果上的管理经验，在果实采收前 10～15 d，在树冠下铺设反光膜，增强果实的浴光程度，促进果实着色。

当然所有这些增进果实着色的措施都需要在充足而均衡的营养供应基础上才能取得最大的效果。

(5)应用生长调节剂

①赤霉素：多数研究证明，赤霉素有利于提高大樱桃的坐果率，增大果个和改善果实品质。莫多兰(1979)对 11 年生酸樱桃树，在盛花期喷布 1 mg/L 的赤霉素；奈特等(1986)在大樱桃谢花 50% 时，用赤霉素处理花朵，均显著提高了坐果率。于绍夫等(1974)在大樱桃盛花期和盛花后 10 d，连续喷布 2 次 $(2\sim8)\times10^{-5}$ 赤霉素，花朵坐果率提高 71%～38.8%。赤霉素的浓度提高到 $(1\sim2)\times10^{-4}$ 时，花朵坐果率反而降低 27.2%～56.5%，果实小，不发育。在以提高坐果率为主要目的而使用赤霉素时，宜在溶液中加入 0.01% 的吐温-80。

赤霉素对改善大樱桃果实品质方面的作用，主要表现在增大果个、提高果肉硬度和可溶性固形物含量等方面。这些作用因品种、树势和施用时期而有变化。许多研究者报道，采收前喷布赤霉素,能够提高果肉硬度。法兰蒂奥(1982)认为,果肉硬度的提高,是通过影响果胶物质的转化(即不溶性果胶含量增加,水溶性果胶减少)而实现的。在滨库和秋鸡心果实采收前,喷布 2×10^{-5} 的赤霉素 $+38\times10^{-3}$ 钙液,提高了单果重和果肉硬度,成熟期推迟,减轻了采收时的机械损伤。卢尼(1985)在采果前 23 d,对秋鸡心果实喷布 2×10^{-5} 赤霉素(GA_3),明显地降低了果实的腐烂和裂果。拉森等(1983)在采果前 3 周半开始,间隔 3~6 d,连续对滨库喷布 12×10^{-6} 赤霉素 +(94%~97%)$CaCl_2$ 液,裂果率降低 43%。

②其他生长调节剂:在大樱桃生产中常用的植物生长调节剂有乙烯类的乙烯利,主要是促进果实成熟,还可以促进及时停长,提高植株的抗寒性;生长抑制剂类的矮壮素、多效唑等,主要是通过抑制枝条顶端分生组织细胞分裂,破坏顶端优势,抑制新梢生长,使植株矮化,促进花芽分化和果实增大,并可显著提高植株的抗寒性。

以前在生产中也常用的生长调节剂如比久(B_9)、萘乙酸(NAA)、2,4 二氯氧乙酸(2,4-D)等在无公害生产中已经被禁用,在生产中不能继续使用。

七、樱桃园的土肥水管理

☞102. 大樱桃园生草有何作用？

果园生草是目前国内外大樱桃栽培中正大力推广的一种现代化的土壤管理方法，也是实现果园仿生栽培的一种有效手段。

据调查，果园生草能够提高土壤的有机质含量，改善土壤结构，增进地力，即使果园不增施有机肥，土壤中的腐殖质也可保持在1%以上，而且土壤结构良好，尤其对质地黏重的土壤，改土作用更大。

国外许多果园由于生草而减少了大量施用有机肥，避免了施用有机肥的繁重劳力支出，果园生草可降低表层、亚表层土壤容重，增加总孔隙度和毛管孔隙度，改良土壤物理结构。生草果园能够有效缓解土壤的极端温度，夏季中午，沙地清耕果园裸露地表的温度可达65～70℃，而生草园仅有25～40℃；北方寒冷的冬季，清耕果园冻土层可厚达25～40 cm，而生草果园冻土层仅15～35 cm，对土温变化起到了明显的缓冲作用，有利于果树根系的生长发育。秋旱季节，果园生草可保持较高的土壤含水量，改善水分状况，从而改善土壤水热条件，促进幼龄果园的土壤熟化。

生草有利于果园的生态平衡，在果园种植紫花苜蓿、夏至草、三叶草等植被，形成有利于天敌而不利于害虫的生态环境，可充分发挥自然界天敌对害虫的持续控制作用，减少农药用量，是对害虫进行生物防治的一条有效途径。

果园生草有利于改善果实品质。一般果园容易偏施氮肥，往往造成果实品质下降。果园生草使土壤中含氮量降低，磷素与钙素有效含量提高，使果树营养均衡，能增加果实中的可溶性固形物含量和果实硬度，促进果实着色，提高果实抗病性和耐贮性，生理病害减少，果面洁净，从而增强果实的商品性。

另外，生草覆盖的地面可减轻采前落果和采收时果实的损伤；山坡地果园生草可起到保水、保土、保肥的作用，果园生草形成致密的地面植被可固沙、固土，减少地表径流对山地和坡地土壤的侵蚀。同时生草可将无机肥转变为有机肥，固定在土壤中，增加了土壤的蓄水能力，减少肥、水的流失。果园生草还可减缓雨涝对果树造成的危害，生草果园雨后地表径流小，积水较少，加上草被的大量蒸腾作用可加快雨水的蒸发，与清耕园相比，生草园因雨涝带来的危害较轻。果园生草，还省去了清耕除草，大大减轻了劳动强度，同时生草果园由于草的覆盖作用，便于雨后或灌溉后农机进地操作，可根据农时的需要，随时进行作业。

☞103．大樱桃园生草栽培有哪些模式？

大樱桃园生草可采用全园生草、行间生草和株间生草等模式，具体模式应根据果园立地条件、管理条件而定。土层深厚、肥沃，根系分布深的果园，可全园生草；反之，土层浅而瘠薄的果园，可用后两种方式。在年降水量少于 500 mm、无灌溉条件的果园，不宜进行生草栽培；树体矮化、适度密植，行距为 5～6 m 的果园，可在幼树定植时就开始种草，中等密植的矮化果园亦可生草，高度密植的果园不宜生草而宜覆草。目前，国内外普遍提倡行间生草、行内除草制度，行内使用除草剂防除杂草，其宽度为树冠垂直投影宽度，土壤常年不需耕作，有利于保护土壤结构，使果树根系充分利用表层养分。

☞104. 大樱桃园生草有何技术要求?

(1)草种选择的原则。果园生草对草的种类有一定的要求,一般标准是要求矮秆或匍匐生,适应性强,耐阴耐践踏,耗水量较少,与果树无共同的病虫害,能引诱天敌,生育期较短。

对环境的适应能力是决定其栽培能否成功的关键。在众多的环境因子中,草种的耐阴性是需要特别注意的问题,因草种主要是栽培在果园树冠层下,遮阴度高达60%~80%。另外,一个优良的草种要在大范围推广应用,还必须对气候和土壤条件具有广泛的适应性。

水土保持效应对在坡地果园或有水土流失的地区更为重要:一般要求须根发达,固地性强,最好是匍匐茎植物。

培肥果园土壤,增加土壤有机质是果园生草栽培的主要目的之一,因此要求草种生长快、产量高、富集养分能力强、易腐烂,有利于土壤腐殖质和有机无机复合胶体的形成,这样才能从物理、化学性状和生物性状等多方面改善土壤。

为避免生草与果树过多地竞争养分,对选择的草种要求根系要浅,根系的集中分布层不应超过20 cm;植株应该矮小,一般不应超过40 cm;不具缠绕茎或攀缘茎。覆盖性好,耐践踏等。

总之,要使果园生草栽培和草被体系建设获得成功,所植之草本身应该容易栽培管理,包括繁殖容易,最好兼备播种、分株、扦插繁殖;早发性好,生长快,覆盖期长,在与园内杂草共生中有较强的优势;耐割、耐践踏,再生能力强;易于被控制. 必要时可净除;不容易滋生病虫害等。

(2)适合大樱桃园生草的种类。禾本科的有早熟禾、百喜草,剪股草、野牛劲、羊胡子草、结缕草、鸭茅、燕麦草等,豆科的有白三叶、红三叶、紫花苜蓿、扁豆黄芪、田菁、豌豆、绿豆、黑豆、多变小冠花、百脉根、乌豇豆、沙打豆、紫云英、苕子等，以及夏至草、泥胡菜、荠菜等有益杂草，近几年有用黑麦草、羊茅草等禾本科牧草，也可用豆科和禾本科牧草混播或与有益杂草夏至草搭配。

(3)种草时间与播种量。自春季至秋季均可播种，一般春季3～4月份和秋季9月份地温在15℃以上时最为适宜。春季播种，草被可在6～7月份果园草荒发生前形成。播种量视生草种类而定，如黑麦草、羊茅草等牧草每666.7 m^2 用草种2.5～3 kg，白三叶、紫花苜蓿等豆科牧草每666.7 m^2 用种量1～1.5 kg。

(4)种植方法。可直播和移栽，一般以划沟条播为主。平整土地以后，最好在生草播种以前0.5个月灌一次水，诱使杂草种子萌发出土，然后喷施短期内降解的除草剂如克无踪等，10 d以后再灌水一次，将残余的除草剂淋溶下去，然后播种草籽，这样可以减少杂草的干扰，否则当生草出苗后，杂草掺和在内，很难拔除。

☞105. 大樱桃生草园如何管理？

果园生草应当控制草的长势，适时进行刈割，以缓和春季与大樱桃争夺水分和养分的矛盾，同时还可以增加年内草的产量。一般一年刈割2～4次，灌溉条件好的可以多割一次。初次刈割要等草根扎深、营养体显著增加以后才开始。刈割要掌握好留茬的高度，一般豆科草茬要留1～2个分枝，留茬15 cm左右，禾本科草要留有心叶，一般留茬10 cm左右，如果留茬太低就会失去再生能力。带状生草的果园刈割下的草覆盖于树盘上，全园生草的则就地撒开，也可以开沟深埋。

生草园早春施肥应比清耕园增施一半的氮肥；生草5～7年以后，草逐渐老化，应及时翻压，休闲1～2年以后重新播种。翻压以春季为宜，也可以在草上喷洒草甘膦等除草剂，使草迅速死亡腐烂，翻耕后有机物迅速分解，速效氮激增，应适当减少或停施氮肥。

☞106. 如何进行果园覆草?

树盘覆草能使表层土壤温度相对稳定,保持土壤湿度,提高有机质含量,增加团粒结构,在山丘地缺肥少水的果园内覆草尤为重要。覆草还可促进根系生长,特别有利于表层细根的生长,促进树体健壮生长,有利于花芽分化,提高坐果率,增加产量,改善品质。山东烟台果农在甜樱桃园覆草后,花朵坐果率比不覆草的提高24.1%～27.2%,平均单果重比对照高18.4%,且花芽数量明显增多,收到了增产和提高品质的双重效果(表12)。

表12 果园覆盖对土壤结构及肥力的影响

项目	覆草年限(年)	土壤容重(g/cm^2)	有机质(%)	碱解N($\times10^{-6}$)	速效P($\times10^{-6}$)	速效K($\times10^{-6}$)
覆草园	3	1.32	1.49	98	70	135
清耕园	—	1.46	0.68	93	62	66

覆草时间一般以夏季为最好,因此时正值雨季,温度又高,草易腐烂,不易被风吹走。在干旱高温年份,此时覆草可降低高温对表层根的伤害,起到保根的作用。

覆草的种类有麦秸、豆秸、玉米秸、稻草等多种秸秆。数量一般为每666.7 m^2 2 000～2 500 kg麦秸,若草源不足,应主要覆盖树盘,覆草厚度为15～20 cm。覆盖前,要把草切成5 cm左右,撒上尿素或鲜尿堆成垛进行初步腐熟后再覆盖效果更好。覆草时,先浅翻树盘。覆草后用土压住四周,以防被风吹散。刚覆草的果园要注意防火。每次打药时,可先在草上喷洒一遍,集中消灭潜伏于草中的害虫。覆草后若发现叶色变淡,要及时喷一遍0.4%～0.5%的尿素。

大樱桃园进行覆草,以丘陵山地果园为宜,可有效地防止土壤和养分流失。土质黏重的平地果园及涝洼地不提倡覆草,因其覆草后雨季容易积水，引起涝害。另外，覆草的果园，花期提前1～2 d，对预防晚霜袭击不利。

☞107. 如何进行深翻扩穴？

山丘地果园多半土层较浅，土壤贫瘠，妨碍根系生长；平原地果园，一般土层较厚，排水透气较差。深翻扩穴可加厚土层，改善通气状况，结合施有机肥可改良土壤结构，增强其稳定性，利于根系生长。

深翻扩穴应从幼树开始，坚持年年进行。我国北方地区一般春季干旱，深翻扩穴的时期最好在秋季9月下旬至10月中旬结合秋施基肥进行。此时深翻，气温较高，有利于有机肥的分解；根系处于活动期，断根容易愈合，翌春形成新根数量多，增强对养分和水分的吸收能力；还利于冬季积蓄雨雪，增加土壤含水量；还有利于消灭部分越冬害虫。

山丘地果园可采用半圆形扩穴法，将一株树分2年完成扩穴，以防伤根太多影响树势。扩穴的环沟可距树干1.5 m，沟深50 cm左右，沟宽50 cm左右，沟挖好后，可将土与粉碎的秸秆和腐熟的厩肥、堆肥等有机肥料混合后回填，以增加土壤中的有机质，改良土壤，促进根系生长。回填时可分层进行，随填随踏实，填平后立即浇水，使回填土沉实。深翻过程中注意不要伤及粗根，要让根按原方向伸展开。

平原地或沙滩地果园地势平坦，可采用“井”字形深翻或深耕，分年完成。采用此法时，可距树干1 m处挖深50 cm、宽50 cm的沟，隔行进行，翌年再挖另一侧。回填土及注意事项同上。若采用深耕法，可先在行间撒上粉碎的秸秆、厩肥等，再深翻压入土中。

☞108. 如何进行中耕松土?

大樱桃园的中耕松土，一般是在灌水或雨后进行。特别在进入雨季之后，大樱桃的白色吸收根往往向土壤表层生长。降雨多时，土壤氧气含量下降，杂草易滋生蔓延。因此，进入雨季后，更要勤锄地松土。既可以切断土壤毛细管，保蓄土壤水分，又可以灭除杂草，改善土壤通气状况。

中耕松土的深度，以 5～10 cm 为宜。中耕松土的次数，要视降雨、灌水，以及杂草的生长情况确定，以杂草不影响树体为度。中耕时，也要注意适当加高树盘土壤，以防积水。

☞109. 如何进行果园间作?

大樱桃幼树期至初果期，在其行、株间合理间作粮、油作物，可以经济利用土地，有助于提高土壤肥力。以间作花生、豇豆等矮秆作物，并具有固氮能力的豆科作物为主。间作时，要充分留足树盘，并随着树龄增长，逐渐缩小间作面积。在生长季中，要根据大樱桃和间作作物生长发育的需要，分别施肥和灌水，以减缓其间争肥争水的矛盾，以免影响大樱桃生长结果。

☞110. 大樱桃树需肥特点有哪些?

大樱桃具有树体生长迅速，发育阶段明显而集中的特点。尤其是结果树，展叶、抽枝和开花结果，都在生长季的前半期中，花芽分化又集中在采果后较短的时间里。因此，大樱桃越冬期间树体贮藏营养的多少，生长结果和花芽分化期间的营养水平高低，对壮树、丰产有着重大影响。这就突出了冬前、花期前后，以及采果后花芽分化期间施肥的重要性。特别是花芽分化前1个月适量施用氮肥，能够促进花芽分化和提高花芽发育(表13)。

表13 夏肥对大樱桃花分化和翌春开花结果的影响(铃木)

施肥时间(日/月)	花芽分化(%)(1950—1952年)平均	翌春结果(%)(1952年)	受冻花(%)(1953年3月27日)	发育不良花(%)(1953年)
约花芽分化前1个月施肥(7/6)	34.0	38.39	2.53	0.86
约花芽分化前15 d施肥(22/6)	19.2	37.50	4.64	2.82
花芽分化初期(7/7)	14.4	33.44	3.88	0.72
花芽分化结束期	6.2	34.60	6.99	0.58
未施肥区	0.4	26.18	14.01	10.62

另据研究，大樱桃在年周期发育过程中，叶片中氮、磷、钾的含量，以展叶期最多，此后逐渐减少。钾的含量在10月初回升，并达到最高值。由此可以看出，大樱桃对氨、钾的需要量最多，且数量相近。对磷的需要量，则要低得多。氮、磷、钾的适宜施用量比例，在10∶1.5∶(10～12)范围内。

☞111．大樱桃叶片营养诊断标准是怎样的？

在大樱桃盛花后8～12周，随机采取树冠外围中部新梢的中位叶片(带叶柄)，进行营养分析，将分析结果与表14中的标准相比较，可诊断树体营养状况，并指导生产。

表 14　大樱桃叶片营养诊断标准

元素	缺素	适宜	过量
氮(%)	<1.7	2.2～2.6	>3.4
磷(%)	<0.09	0.15～0.35	>0.4
钾(%)	<1.0	1.6～3.0	>4.0
钙(%)	<0.8	1.4～2.4	>3.5
镁(%)	<0.2	0.3～0.8	>1.1
硫(%)	—	0.2～0.4	—
钠(%)	—	0.02	>0.5
氯(%)	—	0.3	>1.0
锰($\times10^{-6}$)	<20	40～160	>400
铁($\times10^{-6}$)	<60	100～250	>500
锌($\times10^{-6}$)	<15	20～50	>70
铜($\times10^{-6}$)	<3	5～16	>30
硼($\times10^{-6}$)	<15	20～60	>80

☞112. 樱桃园常用肥料有多少种类?

(1)农家肥料。农家肥料指就地取材、就地使用的各种有机肥料。它由含有大量生物物质、动植物残体、排泄物和生物废物等构成,含有丰富的有机质和腐殖质及果树所需要的各种常量元素和微量元素,还含有激素、维生素和抗生素等。其特点是来源广,潜力大,养分完全,肥效期长而稳定,属迟效性肥料;农家肥施后能改良土壤,提高土壤肥力,是果园的主要用肥。其主要包括堆肥、沤肥、厩肥、沼气肥、绿肥、作物秸秆肥、泥肥和饼肥等。

①堆肥:堆肥是利用作物秸秆、杂草、落叶、垃圾及其他有机废物为主要原料,再配以一定量的粪尿、污水和少量泥土堆制经好气微生物分解而成的一类有机肥料。堆制过程是微生物分解有机质的过程,因此必须创造适于微生物活动的条件。堆肥多在高温季节进行,肥堆要保持足够的水分,控制水分为湿重的65%～75%为宜。

为利于微生物活动,也要注意肥堆的通气。腐熟后作基肥用。

②沤肥:所用物料与堆肥基本相同,只是在淹水条件下,经微生物嫌气发酵而成的一类有机肥料。

③厩肥:也叫圈肥,是利用家畜圈内的粪尿和所垫入的杂草、落叶、泥土草炭等物质,经过沤制而成的肥料。圈肥含有氮、磷、钾三要素,其中含钾量较高,可被果树直接吸收利用。

④沼气肥:在密封的沼气池中,有机物在嫌气条件下经微生物发酵制取沼气后的副产物,主要有沼气水肥和沼气渣肥两部分组成。

⑤作物秸秆肥:以麦秸、稻草、玉米秸、豆秸、油菜秸等直接还田的肥料。

⑥泥肥:以未经污染的河泥、塘泥、沟泥、港泥、湖泥等经嫌气微生物分解而成的肥料。

⑦饼肥:以各种含油分较多的种子经压榨去油后的残渣制成的肥料,如菜籽饼、棉籽饼、豆饼、花生饼和芝麻饼等。

⑧绿肥:绿肥也是果园基肥来源之一,有较高的肥效,其利用方式主要有两种,一种是就地翻压。以绿肥植物蕾期至初花期刈割后,粉碎成料 10 cm 左右。均匀撒于田面,晾晒半天,即可翻入土中。一般每 666.7 m^2 翻压 1 000～1 500 kg 为宜。有水浇条件的果园,翻后晒 1～2 d 灌一次水,有利于绿肥腐熟;无水浇条件时,待雨季来临即可腐熟。另一种是集中施入树下。即沿树冠外缘向外挖深 60 cm、宽 60 cm、长 150 cm 的沟一条,割下绿肥,晾晒后,粉碎成 10 cm 左右,每坑 50～70 kg,将绿肥与土拌匀填入坑中,随填随踏实,施后灌足水。施肥后 20 d 左右肥坑内即可开始出现新根。果园中常用的绿肥植物,主要有紫穗槐、毛苕子、三叶草、草木犀、田菁、沙打旺、绿豆等。

⑨人畜粪尿:是人畜粪便和尿的混合物,富含有机质和各种营养元素。其中人粪含氮量较高,畜粪都含有较多的氮、磷、钾。人粪尿中的氮素极易挥发损失,应注意收集贮存。最常用的积存方

法是和泥土、垃圾、杂草等制成堆肥。堆制的比例，以能充分吸收粪尿汁液为原则，一般可以掺入粪尿量3～4倍的泥土或垃圾。在粪尿中加入3%～5%的过磷酸钙，可减少氮素的损失，并可提高磷素的可利用性。

⑩草木灰：是作物秸秆和柴草等植物体燃烧后的残渣。有机物及氮素在燃烧过程中已全部烧掉，因此不含有机物和氮素，含有磷、钾、钙等元素。其中含的钾大部分是水溶性的，能被果树直接吸收利用。草木灰要干积，注意防湿防水，以免肥分流失。草木灰不宜与腐熟的厩肥、人粪尿或硫酸铵等酸性肥料混合施用（可以配合），除盐碱地外，一般土壤可以施用，可作基肥或追肥用。

（2）商品肥料。商品肥料是指按国家法规规定，受国家肥料部门管理，以商品形式出售的肥料。包括商品有机肥、腐殖酸类肥、微生物肥、有机复合肥、无机（矿质）肥和叶面肥等。

①商品有机肥料：以大量动植物残体、排泄物及其他生物废料为原料，加工制成的商品肥料。

②腐殖酸类肥料：以含有腐殖酸类物质的泥炭（草炭）、褐煤、风化煤等经过加工制成含有植物营养成分的肥料。

③微生物肥料：以特定微生物菌种培养生产的含活的微生物制剂。根据微生物肥料对改善植物营养元素的不同，可分成五类：根瘤菌肥料、固氮菌肥料、磷细菌肥料、硅酸盐细菌肥料、复合微生物肥料。

④有机复合肥：经无害化处理后的畜禽粪便及其他生物废物加入适量的微量营养元素制成的肥料。

⑤无机（矿质）料：矿物经物理或化学工业方式制成，养分呈无机盐形式的肥料，包括矿物钾肥和硫酸钾、矿物磷肥（矿磷粉）、煅烧磷酸盐（钙镁磷肥、脱氟磷肥）、石灰、石膏、硫黄等。

⑥叶面肥料：喷施于植物叶片并能被其吸收利用的肥料，叶面肥料中不得含有化学合成的生长调节剂，包括含微量元素的叶面

肥和含植物生长辅助物质的叶面肥料等。

⑦有机无机肥(半有机肥):有机肥料与无机肥料通过机械混合或化学反应而成的肥料。

⑧掺合肥:在有机肥、微生物肥、无机(矿质)肥、腐殖酸肥中按一定比例掺入化肥(硝态氮肥除外),并通过机械混合而成的肥料。

(3)其他肥料。指不含有毒物质的食品、纺织工业的有机副产品,以及骨粉、骨胶废渣、氨基酸残渣、家禽家畜加工废料、糖厂废料等有机物制成的,经农业部门登记允许使用的肥料。

☞113. 无公害樱桃园肥料施用原则是什么?

(1)施肥原则。根据樱桃的施肥规律进行平衡施肥或配方施肥。使用的商品肥料应是在农业行政主管部门登记使用或免于登记的肥料。

(2)允许使用的肥料种类

①有机肥料:包括堆肥、沤肥、厩肥、沼气肥、绿肥、作物秸秆肥、泥炭肥、饼肥、腐殖酸类肥、人畜废弃物加工而成的肥料等。

②微生物肥料:包括微生物制剂和微生物处理肥料等。

③化肥:包括氮肥、磷肥、钾肥、硫肥、钙肥、镁肥及复合(混)肥等。

④叶面肥:包括大量元素类、微量元素类、氨基酸类、腐殖酸类肥料。

(3)限制施用的肥料。限量使用氮肥,限制使用含氯复合肥。

☞114. 绿色标准樱桃园肥料施用原则是什么？

允许使用的肥料种类

(1)AA级绿色樱桃生产允许使用的肥料种类

①农家肥料，包括堆肥、沤肥、厩肥、沼气肥、绿肥、作物秆肥、泥肥、饼肥等。

②经专门机构认定，符合绿色食品生产要求，并正式推荐用于AA级绿色食品生产的肥料类产品。

③在①和②不能满足AA级绿色食品生产需要的情况下，允许使用商品肥料中的商品有机肥料、腐殖酸类肥料、微生物肥料、有机复合肥、无机(矿质)肥料、叶面肥料和有机无机肥(半有机肥)等。

(2)A级绿色樱桃生产允许使用的肥料种类

①上述AA级绿色樱桃生产允许使用的肥料种类。

②经专门机构认定，符合A级绿色食品生产要求，并正式推荐用于A级绿色食品生产的肥料类产品。

③在①和②不能满足A级绿色食品生产需要的情况下，允许使用商品肥料中所述的掺合肥。

使用规则

肥料使用必须满足植株对营养元素的需要，使足够数量的有机物质返回土壤，以保持或增加土壤肥力及土壤生物活性。所有有机或无机(矿质)肥料，尤其是富含氮的肥料应对环境和樱桃的营养、味道、品质和植物抗性不产生不良后果方可使用。

(1)生产AA级绿色食品的肥料使用原则

①必须选用允许使用范围内的肥料种类，禁止使用任何化学合成肥料。

②禁止使用城市垃圾和污泥、医院的粪便垃圾和含有害物质(如毒气、病原微生物、重金属等)的工业垃圾。

③各地可因地制宜采用秸秆还田、过腹还田、直接翻压还田、覆盖还田等形式。

④利用覆盖、翻压、堆沤等方式合理利用绿肥。绿肥应在盛花期翻压，深度为 15 cm 左右，盖土要严，翻后耙匀。压青后 15～20 d 才能进行播种或移苗。

⑤腐熟的沼气液、残渣及人畜粪尿可用作追肥。严禁施用未腐熟的人粪尿。

⑥禁止施用未腐熟的饼肥。

⑦叶面肥料质量应符合表 15 的技术要求。按使用说明稀释，在作物生长期内，喷施 2 次或 3 次。

⑧微生物肥料可作基肥和追肥使用。使用时应严格按照使用说明书的要求操作。微生物肥料中有效活菌的数量应符合 NY 227 中 4.1 及 4.2 技术指标。

⑨选用无机（矿质）肥料中的煅烧磷酸盐、硫酸钾，质量应分别符合表 16 和表 17 的技术要求。

表 15　腐殖酸叶面肥料的质量要求

营养成分	杂质控制指标
腐殖酸≥8.0%	Cd≤0.01%
微量元素≥6.0%	As≤0.002%
（Fe、Mn、Cu、Zn、Mo、B）	Pb≤0.002%

注：引自《绿色食品——肥料使用准则》。

表 16　煅烧磷酸盐的质量要求

营养成分	杂质控制指标
有效 P_2O_5≥12%	每含 1% P_2O_5
（碱性柠檬酸铵提取）	As≤0.004%
	Cd≤0.01%
	Pd≤0.002%

注：引自《绿色食品——肥料使用准则》。

表 17 硫酸钾的质量要求

营养成分	杂质控制指标
K_2O 50% (碱性柠檬酸铵提取)	每含 1% K_2O As≤0.004% Cl≤3% H_2SO_4≤0.5%

注:引自《绿色食品——肥料使用准则》。

(2)生产 A 级绿色食品的肥料使用原则

①必须选用上述 A 级绿色樱桃生产允许使用的肥料种类。如果这些肥料种类不够满足生产需要,允许按下述要求使用化学肥料(氮、磷、钾)。但禁止使用硝态氮肥。

a. 化肥必须与有机肥配合施用,有机氮与无机氮之比不超过 1∶1。

b. 化肥也可与有机肥、复合微生物肥配合施用。

②城市生活垃圾一定要经过无害化处理,质量达到表 18 的技术要求才能使用。每年每 666.7 m^2 农田限制用量,黏性土壤不超过 3 000 kg,沙性土壤不超过 2 000 kg。

表 18 城镇垃圾农用控制标准值

编号	项　目	标准限值①
1	杂物②,%≤	3
2	粒度,mm,≤	12
3	蛔虫卵死亡率,%	95～100
4	大肠菌值	10^{-1}～10^{-2}
5	总镉(以 Cd 计),mg/kg,≤	3
6	总汞(以 Hg 计),mg/kg,≤	5
7	总铅(以 Pb 计),mg/kg,≤	100
8	总铬(以 Cr 计),mg/kg,≤	300
9	总砷(以 As 计),mg/kg,≤	30

续表 18

编号	项　目	标准限值①
10	有机质(以 C 计),%,≥	10
11	总氮(以 N 计),%,≥	0.5
12	总磷(以 P_2O_5 计),%,≥	0.3
13	总钾(以 K_2O 计),%,≥	1.0
14	pH	6.5～8.5
15	水分,%	25～35

注:引自《城镇垃圾农用控制标准》。

①表中除 2、3、4 项外,其余各项均以干基计算。

②杂物指塑料、玻璃、金属、橡胶等。

(3)秸秆还田:各地可因地制宜地采用秸秆还田、过腹还田、直接翻压还田、覆盖还田等形式。还允许用少量氮素化肥调节碳氮比。

(4)其他使用原则,与 AA 级绿色食品的肥料使用原则中的④～⑨相同。

其他规定

(1)生产绿色食品的农家肥料无论采用何种原料(包括人畜禽粪尿、秸秆、杂草、泥炭等)制作堆肥,必须高温发酵,以杀灭各种寄生虫卵和病原菌、杂草种子,使之达到无害化卫生标准(表 19)。农家肥料,原则上就地生产就地使用。外来农家肥料应确认符合要求后才能使用。商品肥料及新型肥料必须通过国家有关部门的登记认证及生产许可、质量指标应达到国家有关标准的要求。

表 19　农家肥料卫生标准

1-高温堆肥卫生标准

编号	项目	卫生标准及要求
1	堆肥温度	高堆温达 50～55℃,持续 5～7 d
2	蛔虫卵死亡率	95%～100%
3	粪大肠菌值	10^{-1}～10^{-2}
4	苍蝇	有效地控制苍蝇滋生,肥堆周围没有活的蛆、蛹或新羽化的成蝇

注:引自《绿色食品——肥料使用准则》。

2-沼气发酵肥卫生标准

编号	项目	卫生标准及要求
1	密封贮存期	30 d以上
2	高温沼气发酵温度	(53±2)℃持续2 d
3	寄生虫卵沉降率	95%以上
4	血吸虫卵和钩虫卵	在使用粪液中不得检出活的血吸虫卵和钩虫卵
5	粪大肠菌值	普通沼所发酵 10^{-4},高温沼气发酵 10^{-1}～10^{-2}
6	蚊子、苍蝇	有效地控制蚊蝇滋生,粪液中孑孓,池的周围无活的蛆蛹或新羽化的成蝇
7	沼气池残渣	经无害化处理后方可用作农肥

(2)因施肥造成土壤污染、农产品达不到卫生标准时,要停止施用该肥料,并向专门管理机构报告。用其生产的食品也不能继续使用绿色食品标志。

☞115．有机标准樱桃园肥料施用原则是什么?

有机樱桃生产的肥料使用必须遵循如下原则。

(1)保证施用足够数量的有机肥以维持和提高土壤肥力、营养平衡和土壤生物活性。

(2)有机肥应主要来源于本农场或有机农场(或畜场);遇特殊情况(如采用集约耕作方式)或处于有机转换期或证实有特殊的养分需求时,经认证机构许可可以购入一部分农场外的肥料。外购的商品有机肥,应通过有机认证或经认证机构许可。

(3)限制使用人粪尿,必须使用时,应当按照相关要求进行充分腐熟和无害化处理,并且不得与食用部分(如果实等)接触。

(4)天然矿物肥料和生物肥料不得作为系统中营养循环的替代物,矿物肥料只能作为长效肥料并保持其天然组分,禁止采用化学处理方法提高其溶解性。

(5)有机肥堆制过程中允许添加来自于自然界的微生物,但禁止使用转基因生物及其产品。

(6)在土壤培肥过程中允许使用和限制使用的物质见表20。

(7)使用表20未列入的物质时,应由认证机构按照下述准则对该物质进行评估。

①为达到或保持土壤肥力或为满足特殊的营养要求,而为特定的土壤改良或轮作措施所必需的,表20所不能满足和替代的物质。

②该物质来自植物、动物、微生物或矿物,并允许经过如下处理:物理(机械、热)处理;酶处理;微生物(堆肥、消化)处理。

③经可靠的试验数据证明该物质的使用应不会导致或产生对环境的不能接受的影响或污染,包括对土壤生物的影响和污染。

④该物质的使用不应对最终产品的质量和安全性产生不可接受的影响。

表20 有机作物种植允许使用的土壤培肥和改良物质

物质类别		物质名称、组分和要求	使用条件
Ⅰ.植物和动物来源	有机农业体系内	作物秸秆和绿肥	
		畜禽粪便及其堆肥(包括圈肥)	
	有机农业体系以外	秸秆	与动物粪便堆制并充分腐熟后
		畜禽粪便及基堆肥	满足堆肥的要求
		干的农家肥和脱水的家畜粪便	满足堆肥的要求
		海草或物理方法生产的海草产品	未经过化学加工处理
		来自未经化学处理木材的要料、树皮、锯屑、刨花、木灰、木炭及腐殖酸物质	地面覆盖或堆制后作为有机肥源
		未掺杂防腐剂的肉、骨头和皮毛制品	经过堆制和发酵处理后
		蘑菇培养废料和蚯蚓培养基质的堆肥	满足堆肥的要求
		不含合成添加剂的食品工业副产品	应经过堆制或发酵处理后

续表 20

物质类别		物质名称、组分和要求	使用条件
Ⅰ.植物和动物来源		草木灰	
		不含合成添加剂的泥炭	禁止用于土壤改良；只允许作为盆栽基质使用
		饼粕	不能使用经化学方法加工的
		鱼粉	未添加化学合成的物质
Ⅱ.矿物来源	磷矿石		应当是天然的，应当是物理方法获得的，五氧化二磷中镉含量≤mg/kg
	钾矿粉		应当是物理方法获得的，不能通过化学方法浓缩。氯的含量小于60％
	硼酸岩		
	微量元素		天然物质或来自未经化学处理、未添加化学合成物质
	镁矿粉		
	天然硫黄		
	石灰石、石膏和白垩		天然物质或来自未经化学处理、未添加化学合成物质
	黏土（如珍珠岩、蛭石等）		
	氯化钙、氯化钠		
	窑灰		未经化学处理、未添加化学合成物质
	钙镁改良剂		
	泻盐类（含水硫酸岩）		
Ⅲ.微生物来源	可生物降解的微生物加工副产品，如酿酒和蒸馏酒行业的加工副产品		
	天然存在的微生物配制的制剂		

注：引自《有机产品》。

☞ 116．大樱桃的施肥应掌握哪些关键时期？如何施肥？

大樱桃的施肥时期、施肥量和施肥方法，因树龄、树势和结果量而不同。幼树和初果期树，强调施足基肥，一般不追肥。结果大树则多施肥 3 次，即冬春基肥、花果期追肥和采果后补肥。

（1）冬春基肥：基肥一般在冬季土壤封冻前，或春季土壤解冻后施用。早施、施足基肥，有利于提高树体贮藏营养水平，促使花芽发育充实，增强抵抗霜冻的能力。因此，基肥以秋、冬季早施为宜。基肥主要施用人粪尿或猪圈粪等有机肥料。人粪尿多放射状沟施，或开大穴施用。猪圈粪则多结合土壤深刨进行撒施，或行间开沟深施，沟深 50 cm 左右。幼树和初果期树，一般株施人粪尿 30～60 kg，或猪圈粪 125 kg 左右。结果大树株施人粪尿 60～90 kg，或每公顷施猪圈粪 52.5～75 t。

（2）花果期追肥：大樱桃开花结果期间，对营养条件有较高的要求。这一时期，适时、足量地追肥，对促进开花坐果和枝叶生长有显著作用。可抓紧在花前或果实第一次速长期土壤追肥；盛花初期至谢花后，可进行根外追肥。

结果树的土壤追肥，主要施用人粪尿和尿素等速效性氮肥。人粪尿多放射状沟施，一般每株 30 kg 左右，尿素多随水施入，每株 1.5～2 kg。施用氮素化肥时，一定要充分稀释，并要避免直接与根系接触，以防烧伤根系。

果实发育期间土壤追肥，虽然对增大果个有显著作用，但追肥时间过晚，特别是果实第二次速长期追施速效性氮肥，往往延迟果实成熟，降低果实品质和耐贮性。因此，土壤追施氮肥，一般不宜在硬核和胚发育期以后进行。

为了提高大樱桃的花朵坐果率，可在盛花初期和盛花期，叶面喷布 1～2 次 200 倍尿素液，或 200 倍磷酸二氢钾液。谢花后，喷布一次400倍氨基酸复合微肥液，或250倍稀土微肥液，叶片的比叶重、光合速率、单株产量和单果重等都会有显著增长。

另外，甜樱桃从开花期到果实红色发育期间，喷布2～3次含N 10%、MgO 10%、CaO 15%、B 0.2%、Mn 0.4%、Zn 0.01%的Basfoliar Combistipp叶面肥0.1%～0.3%液，可以减少裂果和贮藏期腐烂，使单果重增加。

(3)采果后补肥：果实采收，是大樱桃年周期发育中的一个关键转折时期。也就是说，从开花结果、抽枝展叶的消耗阶段，转入了有机营养的长时间积累阶段，并且开始了花芽分化的质变期。因此，采果后适时施足肥料，对于增加营养积累、促进花芽分化，都有重要作用。施好采果后补肥，增产效果十分显著。

采果后补肥的种类，主要是腐熟人粪尿、腐熟猪粪尿、腐熟豆饼水，以及尿素等速效性氮肥。施用腐熟人粪尿、猪粪尿和豆饼水时，一般采取放射状沟施。尿素多随水施入，或雨后抢施。

施肥量，腐熟人粪尿每株60～75 kg，腐熟猪粪尿100 kg，或腐熟豆饼2.5～3.5 kg，或尿素0.5～1 kg。

☞ 117. 樱桃园浇水方式有哪些?

樱桃园浇水方式依土壤状况、不同的生长时期和经济条件而定，分为滴灌、微喷灌、漫灌、穴灌、隔行(畦)灌水等几种。

经济条件许可的在建园时可安装滴灌、微喷灌系统，根据作物需要随时浇灌。滴灌、微喷灌节约用水，灵活控制灌水量，水分分布合理，不积涝，防止土壤板结和次生盐渍化，一定程度上还可防止根部病害的蔓延。设施栽培中较多采用，干旱少水地区也宜采用此种方式。

漫灌是生产中最常用的灌溉方式，在土壤较旱或植株需水高峰期进行。黏质土壤及设施促成栽培不宜采用。

垄上栽植的果园，可沿行间沟灌水，通过渗透使根系吸收。由于水流通畅，可使水在行中多积一会儿，然后再改水浇第二行，便于浇好浇透。隔行灌水，即每次使樱桃的半边根系吸足水分，通过传导保证另一边根系也能正常生长，既节约用水，又可控制灌水量，也能保证树体良好生长。特别在果实着色期宜采用此法。要注意两边交替灌水。

在水源较缺的山地果园可采用穴灌，即在树的四周围挖 6 个左右 50 cm 见方的穴(不能伤根系)，填满草，结合施肥，向穴内灌满水，灌完后用薄膜封穴口即可。

☞ 118．樱桃园如何适时浇水？

大樱桃在周年生长期中，要浇好花前水、促果水、采后水和封冻水。

(1)花前水。一般在大樱桃发芽到开花前(3 月中下旬)进行，主要满足展叶、开花时水分的需求，有利于花芽的形成，既关系到当年产量的高低，又关系到翌年的产量。这次浇水可降低地温，推迟花期 4～5 d，可减轻或避开晚霜的危害。花前水又可有效地增加各类结果枝上的叶面积，有利于花芽形成，既关系到当年的产量，又为未来的产量打下基础。

(2)促果水。谢花后到果实成熟前这段时间，大樱桃生长最旺盛，对水分的供应最敏感，如果水分不足，就会发生幼果早衰或落果，严重影响到产量；水分供应不足也是产生裂果的一个重要原因。要求浇水要勤，灌水量要大，一般 2～3 次。沙壤土可采用漫灌的形式，以水分浸透土壤 40～50 cm 为佳。浇后及时中耕。

(3)采后水。果实采收后灌水，可尽快恢复树势，保证花芽分化的正常进行。但灌水量不宜太大，以水湿过地皮为好，浇水后应有短期的干旱，有利于花芽的形成。

(4)封冻水。秋季施基肥后浇一次透水，要浇足、浇透，浇后要搞好保墒。该次水可促使基肥尽快腐化，促进施肥时造成的根系伤口尽快愈合，促发新根，吸收营养，增强树体的营养水平；可使土壤温度下降变慢，提高越冬抗寒力，对樱桃安全越冬，减少根系、枝条和花芽冻害，以及开春的生长发育有重要作用。

☞ 119. 樱桃园如何做好排水防涝？

大樱桃根系分布较浅，呼吸旺盛，既不抗旱，也不耐涝。一旦遇上雨水过大的年份，会使樱桃深层的大根全部沤烂，造成成片死树。据观察，当樱桃园土壤含水量达到饱和时，只要 2 d 时间叶片就会发黄。因此在建园时对于雨水较多、土壤黏重及地下水位过高的地区，要起垄栽植；未起垄的果园，可利用行间的土进行树盘培土，逐渐形成垄状，利于水从行间排走。

园内要修好排水系统，平凹地的大樱桃园可在下水口与树行间，挖宽 1 m、深 0.8～1 m 的主排水沟，每隔 4～6 行顺行挖宽 0.6 m、深 0.6～5 m 的支排水沟。

山区梯田大樱桃园，一般靠沿里边的树，在雨季容易受涝，黄叶，甚至导致死树。必须通过挖沿下沟来解除半边涝。一般沿下沟，沟深不少于 60 cm。

八、大樱桃的设施栽培

☞120. 樱桃栽培设施有几种类型?

樱桃栽培设施主要包括日光温室、塑料大棚和防雨、防鸟设施三种类型。

(1)日光温室。包括简易日光温室和可控日光温室两种。简易日光温室一般坐北朝南、东西走向。依靠太阳辐射获取热能,依靠放风来控制温、湿度。可调控日光温室是带有加温、降温、补光等多种设施功能的、较为高档的日光温室,受自然气候影响较小。日光温室樱桃栽培一般要求脊高3.5～6 m,跨度7.5～12 m,长度以40～90 m为宜。日光温室覆盖物主要有棚膜、草帘或保温被等。适于北纬35°以北地区应用。

(2)塑料大棚。由竹木或钢架构成大棚主体,棚面为拱形或屋脊形,棚面及四周整体覆盖塑料薄膜,走向以南北向最好。有单栋式和连栋式两种。塑料大棚樱桃栽培一般要求跨度8～20 m,长度不超过100 m,大棚肩高1.2～1.5 m,脊高3～5 m,要有顶通风和侧通风装置。塑料大棚土地利用率高,但保温性差,适于北纬40°以南地区应用,且以北纬35°左右地区应用最多。

(3)防雨、防鸟设施。此类设施对抗御自然灾害、提高果实品质和稳产增收意义重大。

①防雨设施:主要用于樱桃着色到成熟期,防止降雨引起裂果。一般是在树冠上方顺树行搭建脊形防雨棚,比较实用的是每行搭建一个,行与行之间不连接,棚面上所覆薄膜,一般情况下收

在一端(边),降雨时拉开即可。这样基本不影响树和果实的生长发育,且使用方便。要求棚面与树冠上部枝条之间要有1～2 m空间,也可搭建连栋防雨棚。这类设施可防冰雹危害。

②防鸟设施:樱桃成熟时,色艳味佳,常招鸟侵害,在有些地区鸟害相当严重。防止鸟害最有效的办法是在果园上空设防鸟网。这种办法简单易行,投资很小,一般购买白色塑料网布或用白色尼龙绳编制,网格以鸟类不能通过为宜,网宽与行距同宽,长根据行长而定。架设时,在果园中沿行间每隔5～6 m埋设一根比树冠稍高的立柱(木杆、竹竿均可),把网张挂在树冠上面,网边固定在立柱上端即可。

☞121. 日光温室的性能是怎样的?

(1)光照。日光温室的光照主要取决于室外自然光的照度,它随地理纬度和天气条件的变化而变化,室内光照强度与室外同步变化;同时也取决于塑料薄膜的透光性能。透比率都为90%的聚氯乙烯塑料薄膜和聚乙烯塑料薄膜在使用2个月后,聚氯乙烯膜的透光率可降低到55%,聚乙烯膜的透光率则仍可保持82%左右。

影响日光温室内的光照强度的因素除以上主要的两项外,还受以下因素影响:在温室内以中柱为界,中柱以南区域为强光照区,中柱以北区域受立柱、后坡面的影响为弱光照区,光照强度南北方向上差异不大;在温室的东西山墙附近,由于墙的遮阴,午前和午后分别形成两个三角弱光区,它们随太阳在空中位置的变化而缩小或扩大,正午消失;在垂直方向上,光照强度从上向下递减,若在薄膜内侧附近,相对光照强度为80%时,那么距地面0.5～1.0 m高度相对光照强度约有60%,距地面0.20 m处仅为50%左右。

(2)温度。日光温室由于前屋面采光角度合理、结构严密,采用多层覆盖等保温措施，室内气温明显高于室外。日光温室内的温度来源于太阳辐射，所以晴天室内温度高，夜间和阴天温度较低。在不加温温室，冬季、早春室内外温差多在15℃以上，有时高达30℃，室内的气温也随着纬度、季节、保温措施等而不同，但始终高于室外。日光温室内的最低气温直接受室外温度与保温措施的影响，室外最低气温越低，室内的最低气温也越低，室内外的温差也越大。

日光温室在冬季最寒冷的12月份至翌年1月份，最低气温出现在揭草苫之前，刚揭草苫后气温略有下降，但很快回升；晴天上午不通风时，每小时上升5～6℃，下午13时气温最高，然后逐渐下降，15时气温下降速度加快，直到覆盖草苫后，气温又回升2℃左右；夜间室内气温一直缓慢下降，晴朗有风天气，一夜下降3～7℃，阴天夜间下降较少，一般下降2～3℃。

日光温室内各部位温度的水平分布也有差异，白天南高北低，夜间北高南低，上午靠近东山墙部位气温较低，下午靠近西山墙部位气温较低，靠近门的温度也较低。室内气温垂直分布，白天一般上部气温高，向下气温逐渐降低。中柱前距地面1 m高处向上至薄膜，向前约1.5 m宽为高温区，与靠北墙内侧基部温度相差6℃左右。

日光温室内的地温依其水平分布、垂直分布不同而有差异，并具明显的日变化、季节变化特点。一般情况下，地下5 cm处的地温以温室中部最高，向北、向南递减，前底脚附近比后屋面下低，靠近门处地温较低，东西向地温变化梯度较小。晴天地面温度最高，随深度增加而递减，地面最高温度出现在13时，深度每增加5 cm，最高温度出现时刻大致后延2 h，8～14时为升温时段，14时至翌日8时为降温时段。夜晚以10 cm处地温最高，向上向下渐低。20 cm处夜温度变化较小，阴天时，20 cm地温最高。

(3)湿度。日光温室内的土壤水分主要来源于灌溉，其水分消耗有两条途径：一是树体的蒸腾，二是地面的蒸发。由于地面覆盖和屋面的覆盖，使蒸发的水汽在薄膜内面形成水滴，重新落到地面，地表面经常保持湿润。但由于土壤毛细管的作用，使土壤下层水分上升，经常出现下干上湿的现象。

日光温室由于密闭条件好，使空气相对湿度较大，一般白天多在70%～80%，夜间常保持在90%以上。温室内空气相对湿度的变化，与气温的日变化同步，气温升高时相对湿度降低，温度降低时相对湿度就随之升高。

日光温室内空气相对湿度变化表现为低温季节大于高温季节，夜间大于白天，阴天大于晴天，灌水后湿度最大，以后逐步下降，灌水以前最低。中午放风后温、湿度都下降，每天揭开草苫时，空气相对湿度最高，以后随温度升高逐渐下降，13～14时下降到最低值，随着温度的下降又开始升高。

☞122．设施樱桃常用的日光温室有几种类型？

塑料日光温室的类型依其屋面形状、建筑材料和规格不同，可分成许多类型。在樱桃温室栽培中常用的有：一斜一立式、竹木结构半圆拱式、轻型复合材料半圆拱式、钢架装配圆拱式等，具体使用时还需根据条件进行选择，特殊的地势地形需自行设计。

☞123．日光温室是如何设计的？

(1)方位。温室方位是指温室屋脊的走向。日光温室仅南坡面受光，所以要求坐北朝南(真子午线方向)，东西走向，日光温室的方位可根据不同地区向东或向西偏5°左右。温室方位每向东或向西偏1°，太阳光线直射时间出现的早晚相差约4 min。在雾少、冬春季气温较高或加温温室，可以向东偏5°，以充分利用上午的阳光，避免或减弱西北风侵袭。但在北方高寒地区，上午气温很低，草苫揭开过早，不仅不会升温，反而会降温，太阳出来一段时间后才能卷起草苫，这类地区可以面朝正南或偏西3°～5°，能延长下午温室内光照时间。

(2)跨度与矢高。日光温室的跨度是指自温室南侧底脚至北墙内侧之间的宽度，适宜樱桃栽培的跨度一般为6～8 m。日光温室的矢高是指从地面到屋脊的垂直高度，一般矢高为3～3.5 m。其高、跨比值应为0.4～0.5，才利于采光和揭盖草苫。如加大跨度，为了保证一定的前屋面角度，就须相应地增加矢高。在北纬40°以北地区跨度适当减小，北纬40°以南地区跨度可适当加大。有短后坡的日光温室，在计算高、跨比值时，其跨度应从屋脊向地面引垂线至前屋脚的水平距离，而不包括后屋面坡的水平宽度。

(3)温室的长度与面积。日光温室的宽度变化小，面积取决于长度。一般长度应在30～80 m，适宜长度为60 m左右。每栋日光温室的面积以400～600 m^2 为宜。

(4)前、后屋面角。前屋面角是指前屋面与地平面夹角；后屋面角是指后屋面与地平面的夹角，又称后屋面仰角。前后屋面角度是否合理，对于采光具有重要意义。前屋面角的下部屋面角应较大，在50°～70°，不仅利于采光，还有利于前部果树的生长和有效地利用土地，便于作业；中部屋面角为20°～35°，有利于采光，下、中部将占整个前屋面的60％～70％；上部屋面角可减小到10°～20°，方便卷放草苫。

后屋面的角度比冬至太阳高度角大7°～8°，为25°～38°，这样在冬至前后的12月份至翌年2月份的中午，可以使温室内洒满直射阳光。具体应用时可因地而宜。

(5)墙体。当温室矢高为3 m左右时，后墙高为2～2.3 m，当矢高为3.5～4 m时，后墙高2.5～3 m。墙体一般有土墙和砖墙，在北纬35°左右的江淮平原至华北平原南部，墙体厚度以0.8～1.0 m为宜，北纬40°左右的华北北部及辽南地区，墙体厚度(包括防寒土）以 1.0～1.5 m 为宜。在高纬度地区保温能力不够时，可在墙外堆以农作物秸秆加强防寒。砖墙常砌成空心墙体，即内层墙为半砖（12 cm）厚，中空（10～12 cm），外层墙体 24 cm 厚（一砖厚）。中空内可以填上炉渣、锯末、珍珠岩、聚苯板等保温材料。此外，还有采用石块、空心砖、灰砂砖、矿渣砖、泡沫混凝土砖来砌墙。

（6）后坡。在果树栽培中，为了扩大采光面，提高土地利用率，一般选用短后坡式的日光温室。短后坡的日光温室，白天升温快，晚间降温也快。因此，在北纬 40°以北地区，后屋面不宜太短，其水平投影宽度应不少于 1.5 m，北纬 40°以南地区一般为 1.2 m 左右。

（7）覆盖。在日光温室前屋面上覆盖的透明塑料薄膜，是专用于温室栽培的塑料薄膜，它的耐用性、保温性、透光性等性能均优于一般农用膜。常用的有聚乙烯无滴长寿膜、聚乙烯多功能膜、聚乙烯无滴调光膜及漫反射膜等。一般在东北地区及尘埃少的山区多采用聚氯乙烯类的棚膜，华北地区多使用防尘效果好、透光率高的聚乙烯类产品，紫外线强的高原地区应采用调光膜类型的棚膜。近几年新开发的乙烯-醋酸-乙烯三层共挤无滴保温长寿膜等新产品功能全、机械强度高，是很好的新型覆盖材料。在棚膜外面再覆盖草苫或纸被等，草苫一般宽 1.5 m，长 7～8 m，6～8 道绳筋，厚 8 cm 左右。

后屋面的覆盖材料要轻，保暖性强，能覆盖严实。下层可采用木杆、木板、竹竿或 10 cm 厚的钢筋混凝土板，上面再压一层约 20 cm 厚的草泥。在北纬 40° 以北地区，上面须再覆盖玉米秆、稻草、麦秸、茅草等，为了提高保温效果，常在中间铺一层旧塑料薄膜，抹两遍草泥，再覆盖作物秸秆等保温材料，一般厚度达 60 cm 左右。

（8）温室间距。若建造日光温室群，前排温室与后排温室之间的距离以冬至前后不遮阳为准。一般前后排温室的间距为温室矢高的 2.5～3 倍。并排多栋温室，可每两栋温室间修一条南北路。一般间隔 4～6 m 宽，间隔带中可修建水渠、作业间等。

☞124. 塑料大棚温室的性能是怎样的？

(1)光照。大棚内光照强度的大小对樱桃树体生长影响很大，它受季节、天气、大棚结构、覆盖物的透光性能等因素影响。12月份至翌年2月份，一般棚内1 m高处的光照强度是棚外的60%左右，为10 000～20 000 lx，基本能满足在这个时期樱桃的生长需要。因季节的变化，温室内的光照强度随着室外光照强度的增强而增强，到4月份，棚内光照强度可达40 000～50 000 lx，完全可以满足樱桃对光照的需求；旧棚膜比新棚膜透光率降低30%左右，污染严重时能降低70%左右，竹木结构的比钢架结构的大棚透光率还要降低10%左右；东西走向的大棚，由于南北屋面透光率差异较大，光照强度差异明显；南北走向的大棚光照强度差异不大，光照时间在不盖草苫时与露地相同。

(2)温度。塑料大棚内的温度受多方面的影响，早春晴朗天气的中午，棚内气温比外界高10～15℃，晚上不盖草帘的大棚比外界高2～3℃，加盖草苫可提高温度5℃左右，到4月份棚内可比棚外气温高6～20℃。棚内昼夜温差较大，有时达30℃以上。在同一个棚内，四周边缘温度较低，中部温度较高。连体大棚因棚内面积、空间都较大，气温变化相对稳定。

大棚内的地温升降较稳定。据观测，早春土深10 cm处的地温比露地高4～6℃，保温设施好的大棚可比露地高10℃以上。在3月份，北纬40°地区的大棚内，土深10 cm处的地温可保持在8～12℃，4～5月份可达20℃以上。一般大棚内的地温与棚内平均气温的变化相一致，比最低气温高5℃左右。

(3)湿度。塑料薄膜的透气性和透水性差，使棚内相对湿度较高。气温高时相对湿度降低，气温低时相对湿度较高，白天棚内的相对湿度在70%左右，清晨相对湿度可达95%以上。相对湿度高时，容易在薄膜上形成水珠和雾，易引发病害。

☞125. 适合樱桃提早成熟的塑料大棚和防雨防霜的设施有几种类型？

(1)塑料大棚在樱桃保护地生产中应用较普遍，大多数为竹木骨架和改良式塑料薄膜大棚，还有少部分钢筋和钢管骨架的塑料薄膜大棚。其主要类型包括以下几种。

①竹木结构塑料薄膜大棚：跨度 8～14 m，脊高 2.2～2.6 m，长 50 m 左右，以 3～6 cm 直径的竹竿为拱杆，每排拱杆由 4～6 根支柱支撑，拱杆间距多为 1～1.2 m。立柱用水泥预制柱或木杆。拱杆上盖塑料薄膜，两拱杆间用 8 号铁丝压膜线，两端固定在预埋的地锚上。主要特点是建造简单，拱杆由多柱支撑，比较牢固，建造成本较低，容易推广。缺点是遮光多，作业不方便。

②悬梁吊柱竹木拱架大棚：跨度 8～13 m，脊高 2～2.4 m，长 30～60 m，中柱为水泥预制柱或木杆，纵向每距 3 m 一根，横向每排 4～6 根，其距离为 2～3 m，用木杆或竹竿作纵向拉梁把立柱连接成一个整体，在拉梁上每个拱杆下设一 30 cm 高的吊柱，下端固定在拉梁上，上端支撑拱架。拱架用 4～5 cm 宽的竹片或直径 3 cm 粗的竹竿制成，间距 1 m，固定在各排柱与吊柱上，两端插入地下。盖好塑料薄膜后，用 8 号铁丝或压膜线压紧薄膜，两端固定在地锚上。主要特点是减少了部分支柱，作业方便，造价较低，但仍具有较强的抗风雪能力。

③拉筋吊柱塑料薄膜大棚：跨度 8～12 m，脊高 2～2.2 m，肩 15 m，长 30～60 m。水泥预制柱间距 2.5～3 m，水泥柱用钢筋纵向连接成一个整体，在拉筋上穿设圈 20 cm 长吊柱支撑拱杆，拱杆用粗 3 cm 竹竿做成，间距 1 m。盖好塑料薄膜后，在两拱杆间拉压膜线。夜间盖草苫和纸被，草苫宽 1 m，长 8～10 m，厚 5 cm。为拉放草苫和纸被方便，可以在大棚的顶部增加一个可站人的宽木

板。该种塑料大棚建造简单，支柱较少，遮光较轻，作业较方便，夜间有草苫和纸被覆盖保温，温度太低时可用火炉等临时辅助加温，比普通大棚提前 1～2 个月进行生产，栽培果树效果较好。

④装配式镀锌薄壁钢管塑料薄膜大棚：跨度 6～8 m，脊高 2.5～3 m，长 30～50 m，用 922 mm×（1.2～1.5）mm 薄壁钢管制作拱杆、拉杆、立杆（两端棚头用），经镀锌可使用 10 年以上。用卡具、套管连接棚杆组装成棚体，覆盖塑料薄膜用卡膜槽固定。此种大棚骨架属于定型成品，规格统一，组装拆卸方便。此种大棚，内部空间较大，无支柱，作业方便，光照充足，有利于果树生长发育。覆盖塑料薄膜方便。

（2）避雨防霜的设施类型。大樱桃经常花期遇见霜冻和果实成熟期遇雨裂口，解决的办法比较多，但国内外最有效、最彻底、最长远的解决办法，还是搭建防雨防霜设施，山东省烟台市农科院大樱桃研究所李延菊试验总结了几种类型，简介如下。

①一线拉帘式简易避雨防霜棚：主要材料包括圆木、钢绞线和避雨绸；以圆木作为避雨棚骨架，钢绞线作棚架之间连接衬托，避雨绸作覆盖物。

②三线拉帘式简易避雨防霜棚：主要材料包括圆木（或钢管）、钢绞线和避雨绸；以圆木（钢管）作避雨棚骨架，钢绞线作棚架之间连接衬托，避雨绸作覆盖物。

③四线拉帘式简易避雨防霜棚：主要材料包括钢管、钢绞线和避雨绸；以钢管作避雨棚骨架，钢绞线作棚架之间连接衬托，避雨绸作覆盖物。

④篷布收缩式避雨防霜棚：主要材料包括钢管（水泥柱）、竹竿、篷布和细绳；以钢管（水泥柱）作为避雨棚骨架，竹竿作棚架之间连接衬托，篷布作覆盖物。

⑤简易塑料固定式避雨防霜棚：主要材料包括水泥柱、竹竿、板线和塑料薄膜；以水泥柱作为避雨棚骨架，竹竿作棚架之间连接

衬托，塑料薄膜作覆盖物。

⑥连栋塑料固定式避雨防霜棚：主要材料包括水泥柱、竹竿、板线和塑料薄膜；以水泥柱作为避雨棚骨架，竹竿作棚架之间连接衬托，塑料薄膜作覆盖物。

⑦聚乙烯篷布避雨防霜棚：主要材料包括圆木、钢绞线、钢丝和聚乙烯篷布；以圆木作为避雨棚骨架，钢绞线作棚架之间连接衬托，聚乙烯篷布（透光率约为 80%）作覆盖物。

⑧钢管结构避雨防霜棚：主要材料包括镀锌管、棚膜。

四线拉帘式简易避雨防霜棚和聚乙烯篷布避雨棚是生产中重点推广的两种模式。

☞ 126. 塑料大棚温室是如何设计的？

（1）塑料大棚的方向。以春季生产为主的塑料大棚及在北纬 40°以南地区的大棚均应选南北走向为好；光照均匀，温差变化少，利于生产优质果，在北纬 40°以北地区以冬季生产为主的应选择东西走向。

（2）跨度。竹木结构和钢管构件的塑料大棚因建材承重、抗风雪能力较低，跨度应小些，一般为 8～12 m。全钢架结构的塑料大棚跨度可达 10～15 m，最宽不超过 18 m。因大棚的高度有限，若过宽时，棚面弧度减小，其牢固性和承受力降低。

（3）长度及面积。单栋大棚温室的跨度变化不大，所以面积的大小取决于温室长度。一般长度以 50～80 m 为宜，最长为 100 m。那么大棚温室的面积一般在 400～1 300 m^2。竹木结构的大棚因材料的限制，面积较小，适宜面积为 400～700 m^2。单栋塑料大棚温室内面积越大，保温比值也越大，棚内白天升温速度较慢，夜晚降温也较慢，室内温度相对稳定，有利于温度控制。面积少，昼夜温差大，不利于樱桃生长。当棚内土地面积与棚膜表面积的比为 0.6～0.7 时比较适宜。连体塑料大棚的面积变化幅度较大，小则可 2～3 个拱连体，多则 4～6 个拱连体，2 000～6 000 m^2。

(4)大棚矢高。单栋大棚的矢高，竹木结构以 3 m 左右为宜，复合材料及钢架材料可以高 3～3.5 m，连体钢架大棚高度可达到 5～6 m。最高棚顶高度在 7 m 以上，高度越高，棚内气候条件越稳定，大棚的肩高为 1.2～1.5 m，高的达 3 m 左右，肩部过矮不利于边行果树的生长和管理，过高会降低大棚的高、跨比值。

(5)大棚的通风。塑料大棚要靠通风来调节棚内温度、湿度与气体成分。跨度在 10 m 以下又较低矮的大棚，可以采用扒边缝通风；跨度在 10 m 以上，且较高时，可以安装通风窗或排风扇进行通风。连体自动化管理的塑料大棚应安装自动或自动通风装置。

在建大棚群时，每 2 个大棚为一组，棚间间隔 1.5～2 m；并排 4 个大棚为一方，方与方之间要留能通过农用机械车辆、货运车的道路，一般宽 3～4 m；每排大棚之间，棚头与棚头要间隔 5～6 m，可修筑排灌渠道和主要交通干道。

☞127．设施樱桃促成栽培如何选择品种、砧木及栽植密度？

(1)适宜设施栽培的品种。我国目前樱桃设施栽培主要以促成栽培为目的，在选择品种方面应选择需冷量低、早熟、丰产、果大色艳、品质优、早果性强、抗裂果自花结实能力高等综合性状好的品种为主栽品种；以花粉多、与主栽品种授粉亲和力好、需冷量相近的品种为授粉品种；并尽量选择树体小、树形紧凑，易整形、易管理的品种。实践表明，目前适于设施栽培的品种有大地红、早丰王、美早、布鲁克斯、黑珍珠、早生凡、桑提娜、拉宾斯、岱红、红灯、早红宝石、红艳、龙冠、巨红、先锋、雷尼尔等。晚熟品种一般不进行保护地栽培。一般在树体进入盛果期后才进行扣棚。一般设施栽培的品种果实发育期较露地长 3～5 d。要求一个设施内的主栽品种为1～2个，占70%；授粉品种2～3个，占30%。

(2)砧木种类及苗木要求。设施栽培由于受空间限制，对砧木种类与质量的要求比露地栽培要高，一般要求用矮化或半矮化砧木，吉赛拉6号，但乔化的砧木优选大青叶，大叶大，zy-1，考特，马哈利，采取控冠措施，也能生产出优质的大棚樱桃。优良的砧木，根系发达，嫁接亲和性好，适应性广，抗涝抗旱能力强，抗病尤其是抗根癌病、病毒病能力强；早果丰产；容易繁殖。采用矮化砧木，利于树体矮小，紧凑，密植，早果，早产。

设施栽培对苗木的质量要求与露地相同，但要注意设施栽培中一般在树龄4～5年后才能扣棚生产，所以应尽量选择优质壮苗、大苗，能早成形，提早开始设施生产，尽快见效。最好直接选购5～6年生大树移栽到设施内，当年春季萌芽前移栽，冬季即可扣棚生产；移栽技术与管理水平较高的也可秋季落叶后移栽，但要注意必须带土移栽，冬春设施生产时要晚加温、缓加温且加强树体管理。如果选择1年生幼苗，应直接定植于预建设施地块内，加强管理，3～4年后再建棚生产。

苗木定植时，要根据砧木类型和品种特性确定栽植密度，一般大樱桃采用矮化砧木的株行距宜选择(1.5～2.5) m×(3～4) m，授粉树可按行或与主栽品种混栽。

☞ 128．设施樱桃促成栽培为什么要用樱桃大苗？

樱桃的设施栽培属高效农业，要求尽早获得经济效益。甜樱桃则要3～4年开始结果，4～5年进入丰产期。在设施内直接栽小苗，不利于设施的有效利用，增加了管理成本；樱桃不耐寒，在樱桃露地栽培不适宜地区进行樱桃设施栽培可以，但必须异地培育或引种大苗；因此，樱桃设施栽培应当培育和利用大苗。目前，培育和利用樱桃大苗的方式有：一是利用露地栽培樱桃结果树，就地建设保护设施,实施设施栽培。二是做好设施建设园地规划后先栽树,待树结果后再建设施。三是购置结果树,直接定植到设施内,直接移栽 5～6 年生大树,方法简便,快捷,但一次性投入比较大。四是培育大苗,在樱桃可以露地栽培的地区,这是一个比较经济的方法。

☞129. 怎样培育樱桃大苗?

(1)选择适宜地块。首先要土层较深厚、背风向阳、有利于樱桃苗生长的不易受冻害的地段。其次要考虑起苗、运苗的方便,最好是距离栽培温室比较近,管理上比较方便的地块做培育樱桃大苗的苗圃地。第三要能做到旱能浇、涝能排。

(2)苗木的选择。要选择优质壮苗来培育樱桃大苗。壮苗标准见第四章相关内容。

(3)定植技术。按照 2 m×2 m 的株行距挖 40 m×50 cm 的栽植坑,将事先准备好的塑料编织袋,如装化肥的编织袋放入坑内。用园田土与适量腐熟的有机肥混合后装入袋内,装入袋子的 1/2 高,然后放入苗木,覆土至根颈处,浇水沉实。在北方地区春季比较干旱,苗木定植高度可与地面平。但在华北地区或是在较低洼地,可采用高畦栽植,畦高 20～30 cm,以避免雨季发生内涝,引起樱桃树死亡。苗木栽好后 2～3 d 再浇一次透水,最后覆上地膜,以增加地温,提高成活率。如果采用高畦栽植,则一定要覆盖地膜。生产实践上看,高畦铺地膜,樱桃幼树生长快,结果早。如果定植苗在苗圃内未进行圃地整形,只是一条茎,没有分枝,覆膜后要及时定干。然后用塑料袋将苗干套上,以防抽干和虫害。苗木成活后要及时将塑料袋去掉,然后加强田间管理,按照选择的树形进行整形修剪,培养适合设施栽培的树形。

(4)樱桃苗木的越冬管理。在樱桃不适宜栽培地区,如冬季最

低气温低于 $-20℃$ 的地区进行露地培育大苗，在上冻前一定要将樱桃树移入贮藏窖或室内，在 0～7℃ 的条件下贮藏，翌年再移栽到室外。这样经过 3～4 年的树体树形培养，樱桃树开始结果了，就可以定植到温室或大棚里进行反季节生产。

☞130. 设施内定植什么时期进行好？定植前要做哪些准备工作？

设施内移栽大树以春季进行为好，此项工作宜在萌芽前 1～2 周内完成。秋季移栽也可以，但效果不如春季，容易造成树势衰弱。定植前要做好以下几项准备工作。

(1)挖栽植沟，改土施肥。按设计的行距挖栽植沟，甜樱桃一般行距为 3～4 m。这样每隔 4 m 放一条中心线，按中线挖宽 100 cm、深 80 cm 左右的沟，底层放入一层 10～15 cm 的炉灰渣子，再回填一定量的土踏实。这样既可以保证涝时根部无积水，旱时根部又有水供应。然后，按每株树 50 kg 左右农家肥的比例与表土混合后回填到栽植沟内，灌水沉实后待栽。

(2)按每株树 3 个支柱，准备好木杆、草绳子等。

(3)挖起树前，用铅油标记出树体的阴、阳面，便于定植时按原方位定植。同时标记好品种，以免定植把品种弄混。

☞131. 设施樱桃应如何整形修剪？

(1)树形的选择与整形要点。根据设施情况，在设施栽培中一般应采用矮冠、低干、骨干枝级次少、通风透光性好且丰产稳产的树形。目前设施栽培中的主要树形有细长纺锤形、开心形、主干形和“V”字架形等。

(2)修剪措施。设施栽培的修剪措施主要在生长期完成。

①拉枝:从定植后翌年开始,在春季萌芽前将长枝拉到水平,扣棚前将高枝落头,并通过拉枝调整大枝方位,以利于扣棚。

②刻芽:定植后的2～3年,于春季萌芽期,对中央领导干及枝条侧生芽部位进行刻芽,以促进成枝。

③摘心:5月份至7月上旬,主枝延长枝长到40～50 cm时摘心促成分枝;主枝上着生的直立新梢,长到10 cm时摘心,促进新梢基部成花。

另外,经常采用的措施还有抹芽、扭枝、拿枝、疏枝、环割等。

(3)采果后的整形修剪。果实采收后要及时进行一次整形修剪,这次修剪量比较大,全年的修剪任务主要在这时完成,这次修剪是樱桃设施栽培成功的基础和关键。树冠的控制、树体结构的调整、骨干枝和结果枝组的更新复壮都要在这次完成。一是对骨干枝应采取放出去,缩回来的办法,维持树冠的大小和高矮,防止树冠间的交叉和树冠顶部距棚膜过近。维持骨干枝中庸树势。二是对开始衰弱的结果枝组进行回缩更新复壮,回缩到壮枝、壮芽处。三是对部分外围新梢进行短截,注意剪口芽应选在叶芽上,避免后部花芽的萌发。四是对过密枝、交叉枝、重叠枝进行回缩或者疏除处理,改善树冠通风透光条件。对于修剪后萌发的新梢,当其长到15～25 cm时(背上直立梢15 cm左右,平斜梢25 cm左右),可连续进行摘心,促发分枝,控制旺长,使枝条尽快成熟而形成花芽,增加结果部位。对于枝条角度不符合要求的枝条,要继续做好拉枝工作,开张角度,改善通风透光条件,使树冠内外长势均衡,花芽形成良好。

☞132. 如何确定扣棚升温时间?

樱桃设施栽培的扣棚时间,主要是依据樱桃解除休眠所需的低温时间、设施类型和果品计划上市时间而定。

(1)樱桃的需冷量与扣棚时间。落叶果树在落叶后都要经过一定的低温阶段，才能解除休眠进入萌芽期，这个低温阶段的长短就是需冷量，它一般是按照 0～7.2℃ 的有效低温时间来表示。樱桃的需冷量一般在 733～1 440 h，品种不同需冷量也不尽相同。

布鲁克斯、红灯、红艳、红蜜、巨红的需冷量为 850 h，雷尼、先锋佳红为 950 h，拉宾斯为 1 040 h。需冷量大的品种，进入萌芽期的时间就较晚。另外，同一品种进入休眠期的时间不同，所处温度环境不同，其解除休眠的时间也不同。烟台适宜扣棚时间在 12 月底到翌年 1 月上旬，但通过提早休眠能达到早扣棚，早萌芽，早上市。

设施栽培中必须以所栽品种最高的需冷量来确定扣棚时间，才能保证花期相遇，开花整齐。如果需冷量不足就扣棚，会出现萌芽开花不整齐、花期拉长或不开花、坐果率低甚至不坐果等现象。樱桃落叶期一般在 10 月底或 11 月初(根据地区的不同有所差异)，需冷量的计算从樱桃落叶开始，将其处于 0～7.2℃ 的时间累计即可。设施栽培应该在需冷量达到 1 200 h 左右，升温比较安全可靠。

(2)设施类型与扣棚时间。日光温室由于有较好的保温设施，较高档的还有加温、降温、补光等设备，且采光设计合理，能保证樱桃在发芽开花和果实发育期的温度，可在满足需冷量后，尽早扣棚升温。

一般塑料大棚没有保温、加温措施，不能有效地控制棚内温度，特别在花蕾期和开花期，如果气温降到－2℃，就会使花器受到严重冻害。故扣棚时间一般应推迟到 1 月中旬以后，有保温、加温条件的可适当早扣。

根据有关资料显示，虽然扣棚越早，成熟期越早，但设施内的物候期比露地延长 15% 左右，而且扣棚越早，每个生育阶段所用时间也越长。

☞133．如何使樱桃树提前通过休眠？

大樱桃扣棚升温越早，果实上市越早，但扣得过早，往往造成樱桃的需冷量不足、自然休眠不够，不能萌发生长或花期温度低，花期过长，开花不整齐，但坐果率低，如果使樱桃早休眠就能达到好的效果，根据对樱桃的需冷量研究，发现6℃是酸樱桃冷化适温，而7℃为甜樱桃的冷化适温，高于或低于其冷化适温对冷化单位积累贡献减小，低于0℃对冷化单位积累无效。根据这一原理，在樱桃落叶后即可覆膜，白天通过草帘等材料遮阴，防止温度过高；前期晚上适量通风降温，后期外界气温低于0℃时可昼夜覆盖草帘保持棚内温度在0～7℃。经过40～50 d可使樱桃提前通过休眠，该项技术叫人工暗光促眠技术。人工集中预冷，秋末冬初，当夜间气温下降到17℃左右时，扣棚的同时加盖保温层，夜间打开风口，卷起草帘，让冷空气进入；白天关闭风口，同时加盖保温层保持低温。如此保持30～40 d，使之提前休眠达到需冷量。也可将大量冰块置于树下或吊于树冠，其降温解除休眠。霜降前后，树上喷洒12％的尿素，使樱桃提早，促进休眠。在满足保护地大樱桃需冷量的前提下，早扣棚，通过使用一些药物如石灰氮、乙烯利、尿素等促使樱桃早落叶，据试验在大棚开始升温时喷洒70倍液单氰胺，能提早萌芽10 d左右，萌芽相对整齐，通过人工降温，并强制樱桃提前进入休眠，可使升温时间更提前。这对设施的要求较高，要求具有降温设备，并且要逐步降温。辽宁省普兰店市从9月初开始扣棚，覆盖后实施强制降温，第1～6天每隔一天降温1℃，第7～13天每天降温1℃，第14～17天每天降温2℃，至第17 d达到临界温度7℃时，进入休眠状态。保持棚室内温度在0～7℃，当0～7℃的室温累计达到1 200 h后开始揭帘加温，昼揭夜放，效果明显。

☞ 134. 设施樱桃的土、肥、水管理要点有哪些?

樱桃设施栽培的土、肥、水管理与露地基本相同。但对土壤要求更为严格,对肥料的需求量更大,对水分的管理更加合理。

(1)设施樱桃栽培对土壤的要求。土壤有机质含量以达到2%~3%为宜;要求起垄培土栽植;防止土壤盐渍化;设施栽植覆盖地膜,提高地温,保持土壤水分。

(2)设施樱桃栽培的需肥特点。对树体贮藏营养水平要求更高,设施大樱桃整个生长期比露地大樱桃长,生长期长近3个月,营养消耗比露地大,萌芽、开花、展叶、坐果、果实前期发育都依赖贮藏营养,根系吸收功能较差,施肥不当土壤易盐渍化,易发生各种缺素症。这就要求首先加大基肥特别是有机肥的用量,而且必须完全腐熟;增加基肥种类和用量,烟台地区施肥时间是每年6月份和8月份,每株施嘉贝特生物有机肥12.5 kg,高含量的复合肥2 kg,富力邦硅钙钾土壤调理剂2.5 kg。其次从萌芽开始,进行定期不间断的叶面追肥和树干涂抹追肥等。第三是化肥的施用量尽量减少,特别要控氨,适当增加钾肥和硼肥等,增加微量元素肥的叶面喷施,保证平衡施肥。第四是抓住萌芽、花期、采收后和休眠前四个关键时期施肥。萌芽期追肥可施三元复合肥、果树专用肥及氨基酸液肥涂干等;盛花期喷施0.2%硼砂和0.3%尿素;花后以磷酸二氢钾和植物活力素等为主的叶面追肥;采收后遍施腐熟的人粪尿、豆饼水或复合肥等;休眠前及早施入以农家肥等有机肥为主的基肥。

(3)设施樱桃栽培的水分管理。要始终保持土壤含水量为田间最大持水量60%~80%。尤其在果实膨大至成熟期要小水勤浇,避免忽干忽湿,能有效地防止采前裂果。设施栽培中以滴灌和膜下灌溉为主,同时掌握少灌勤灌的原则,另外注意在揭膜后要控制灌水,不是特别干旱不必灌水。一般要做好以下管理。

①萌芽水:为增加棚内湿度,促进根系活动和萌芽整齐,在揭帘升温前浇水,要水量适中,浇透为止。

②花前水:为满足发芽、展叶、开花对水分的需求,如此期土壤较湿润,土壤相对持水量 75% 以上,可不灌水;若低于 60%,可按"一流而过"的方式进行补充,渗入土壤 20～30 cm 为宜。

③催果水:幼果膨大期,也是花芽开始分化的时期,一般在花后 15～20 d 进行,仍按"一流而过"的方式为度。

④采前水:为果实膨大所需,在采收前 10～15 d,水量控制在催果水的 2/3,如果棚内湿度过大,可不进行。

⑤采后水:保证花芽分化,尽快恢复树势,浇水量宜小不宜大,浇透为止。

设施栽培对灌水的水温和时间有特殊要求,一般冬季棚内水温不得低于 8℃,以 8～13℃ 为宜,以早晨灌水为好。切忌在棚内温度高时用水温过低的水进行灌溉。

在一些地区,防涝也是一项重要工作,特别是揭膜以后,要注意在行间和温室底角处挖深 40 cm、宽 30 cm 的排水沟,行间与底角相连,以利雨季排涝。

☞ 135. 如何调控设施内部环境的温度?

保证温室内适宜的温度是温室管理中最关键的工作。温室内温度的日变化为:在全天以中午最高,清晨最低,严格防止夜间温度高于白天的反常现象和温度的骤升骤降。温室内还要依据樱桃的不同发育阶段,保持一定的日温差,才有利于樱桃的生长。

(1)温度管理指标。覆膜以后,棚内温度的控制是栽培成败的关键,特别是育花期、花期至幼果期尤为重要,若管理不当,轻则坐果率低,降低产量,重则引起绝产;前期升温,不宜过急,温度不宜过高，否则易出现先叶后花和雌蕊先出等生长倒序现象，不要频繁加温，只有在特殊天气，如低温、霜冻，才进行人工辅助增温，防止冻害的发生，花期晚上温度低于 8℃ 时，采用暖气和火龙洞升温，升到 10℃ 左右即可，夜间温度不能过高。

①覆膜后第一周内，为保持地下部和地上部的平衡，地膜加小拱棚提高地温技术，先在棚内覆盖保温透气的无纺布黑色地膜，膜厚 50 g/m^2，在棚内在树行间扣小拱棚，搭成棚底宽 1.5 m，棚高 30 cm 的小拱棚架，棚架上覆盖聚乙烯塑料薄膜，由于拱棚内有空气隔层，其提高地温的效果明显，使地温较快升起，尽快达到 5～6℃ 以上，促进根系提前活动，而气温则应缓慢升高，特别是在白天防止 25℃ 以上的高温，夜间气温不得低于 0℃。温室覆膜后 1～3 d，通风设备全打开，4～7 d 内昼开夜关，8～10 d 内晚上逐步盖齐草苫，棚内逐步增温。白天温度开始为 11～12℃，每 2～3 d 上升 1℃，有利保持气温与土温的平衡。

②覆膜 10 d 左右，有保温和加温设施的温室要开始逐步升温。晚上要加盖草苫保温，白天温度仍要缓慢上升。从这时起到开始开花是发芽阶段，也称育花期。日平均气温应控制在 10～20℃，最低保持在 5℃。在此期间棚内温度过高或过低都将会影响樱桃花芽的分化。当气温超过 23℃ 时，花粉败育，失去萌发能力。

③樱桃的开花期对温度的要求更为严格，过高或过低均不利于授粉受精。夜间不低于 5℃，应保持住 8～10℃，白天最高温度不高于 23℃，一般应保持在 18～20℃。

④果实膨大期，温度的控制重点在果期，在果实发育前期，从落花后到幼果膨大，白天温度从 18～19℃ 逐步升到 20～22℃，最高不能超过 25℃。夜温控制在 7～8℃，最高不能超过 10℃。到果实着色至果实成熟期，白天温度控制在 22～25℃，夜温控制在 12～15℃，保证昼夜温差在 10℃以上，减少夜间呼吸消耗，增加果

实干物质积累，以利于果实着色和成熟。

(2)控温措施。温室的升温与保温除温室有合理的采光与保温设施外，在北纬 40°以北地区的温室应有升温措施(暖气升温、炉火升温、电加热等)，还要及时清除薄膜上的灰土，增加透光率是有效的增温措施。春季扣棚的温室遇到气温骤降时，在晚上可加盖纸被、张挂保温幕、生煤火炉、挂红外电灯等措施进行增温。白天要正确掌握揭盖草苫的时间，虽然早揭晚盖可以增加棚内光照时间，但当外界气温过低时，揭苫过早或盖苫过晚都会导致气温明显下降。冬季，盖草苫后气温短时间内回升 2～3℃，然后非常缓慢地下降，若盖苫后气温没有回升，而是一直下降，说明盖晚了；揭苫后气温短时间下降 1～2℃，然后回升，若揭苫后气温不下降而立即升高，说明揭苫晚了。揭草苫和纸被之前若室温明显高于临界温度时，日出后可以适当早揭草苫。一般是当早晨阳光洒满整个南坡面时即可揭开草苫。在极端寒冷或大风天，要适当晚揭早盖。阴天适当揭开草苫有利于利用散射光，同时气温也会回升。若阴天不揭草苫时，气温反而会继续下降。为保温，从升温开始，在大棚四周底部用草帘一层围挡，外用废旧塑料薄膜包起来，若双膜覆盖，棚内上方再加盖一层聚乙烯塑料薄膜，由于两层薄膜之间有空气隔层，保温效果明显优于单层薄膜。

温室多采用通风来降温。通风量要根据节气、天气情况和樱桃不同时期对温度的要求而灵活掌握。严冬季节，重点在于保温，各个通风口封闭严密，在发芽前可通过遮盖草苫进行降温，当温度升高至上限时，再开通风口缓慢降温。当树体已发芽后，就不能再采取盖苫降温，这样会减少透光量，影响叶片的光合作用。这个时期主要采取开通风口(扒缝)通风。一般只开上通风或只开下通风口，通风量均较小，上、下通风口(缝)同时开放时，降温十分明显。早春，通风要在外界气温较高时进行。放风早、时间长或开放通风口大，都可能引起急剧降温。在无风晴好天气的上午或春季，当温度达到最适气温后，就要开始逐步放风，渐增通风量。切不可等待温度已升高到极限时，全部打开通风口，这样会造成骤然降温，使棚内不同部位温度产生极大变化，特别在通风口部位，温度下降迅速，会使花、叶或果实受到冻害。

春季外界气温较高时，在上午扒起棚膜的底部，并扒开上、中缝或打开天窗进行通风降温，下午重新放下薄膜压严保温。

(3)适时撤膜。覆膜早的温室，果实在4月中下旬已全部采收，4月下旬至5月份外界气温与露地的果实采收后的气温有明显的差异，这时如果除去棚膜，樱桃虽然能保持正常的营养生长，但却不能保证花芽分化的适宜温度，势必打破了樱桃的发育规律，从而影响其正常的花芽分化。所以这一期不应立即除膜，而是要制造一个适宜花芽分化的温度环境来促进花芽开始分化，等待室内外气温基本一致时再除去棚膜。除膜前，要对樱桃进行适当的锻炼。第一周，在外界晚间最低气温大于10℃时，撤掉草帘；将通风缝逐渐扩大，或同时将底角膜上揭，加大放风量，延长放风时间，缩短内外环境条件差距。第二周，中午在内外温度相差较小时，揭膜放风时间逐渐延长，揭膜(顶端膜下放与底角膜上揭)面积逐渐扩大，使棚内樱桃逐渐适应外界条件，在外界最低气温大于15℃时，逐渐撤膜。一般进行15～20 d锻炼后即可完全去膜。如果期间天气变化较大，需延长到外界温度较为稳定时进行。

覆膜晚的温室，到果实成熟时，室内外的温度已基本一致，白天应逐步把棚膜卷起，以增加光照度，促进果实着色，提高果实含糖量。当气温下降时，再将棚膜放下保温。果实采收后，就可撤除棚膜。

☞ 136. 如何调控设施内部环境的湿度？

温室内空气中的水分主要来自于地面蒸发和树体的蒸腾作

用，而空气高湿则是温室条件下的一大特点，不仅易引起徒长，同时易诱发病害、影响光照等。所以棚内湿度的管理与温度管理同等重要。

(1)棚内湿度管理指标。樱桃自覆膜到发芽期，棚内相对湿度可维持在60%～80%，花期棚内空气相对湿度应保持在50%～60%为宜，过高，影响授粉，易发生花腐病，引起花腐和果腐，花期夜间湿度过大，上午10时至下午15时湿度过小、空气干燥时，柱头容易干，因此中午前后在棚内经常喷清水，或在地面上挖凹陷小槽，用塑料薄膜盛上清水，保证棚内水分的需求。若遇空气湿度过大时，可置草木灰或石灰吸收水分。采用通风除湿、膜下沟灌穴灌，也可覆盖无纺布黑色地膜，在树行间扣小拱棚，适当提高棚温，降低湿度，严格控制花期温度在15～18℃。

果实膨大期40%～60%，果实着色成熟期为40%～50%。要保持较低的空气湿度，只有通过大量通风和减小土壤湿度。过量的通风会引起温室降温，过低的土壤持水量满足不了樱桃的正常生长，所以在控制空气湿度时只要适宜即可。

土壤含水量一般应保持在土壤最大持水量的60%～80%。通常情况下，覆膜后要灌一次水，灌水量稍大，约30 mm 。发芽期根据土壤湿度可酌情灌水，量要减少为10～20 mm，果实膨大期是樱桃生长最旺盛的时期，需水量也较大，灌水量为20～30 mm。到果实着色期，如果土壤相对含水量不低于65%，一般不灌水，土壤比较干旱时可少量灌水，此期灌水量过大会加重裂果。

(2)湿度的调控。棚内湿度的调节应把土壤湿度、空气湿度和通风降温结合起来进行。主要方法有：通风降温、地膜覆盖、秸秆覆箍、夜晚加盖无纺棉保温吸湿、地膜下滴灌、穴灌等。温室内一般不需增湿，若需要时可通过地面灌水、空中喷水来增湿。

☞137．如何调控设施内部环境的光照？

樱桃设施栽培中的光照调控，在休眠期通过草帘遮光降温，满足樱桃冷量积累；在生长期主要是改善和增加光照强度，第一，要在设施建造时，要合理设计结构、方位、屋面角等。第二，要保持棚面清洁透明以增加透光率，并在不影响保温的前提下尽量早揭晚放覆盖物，以延长光照时间。第三，通过铺设反光膜来增加光照，主要用于幼果期，在树冠下面和后墙上分别铺挂高聚酯铝膜，能改善树冠中上部、内膛及温室后部的光照。第四，如果在花期和果实成熟期遇连续阴雨天光照不足时，最好使用金属卤化物灯和高压钠灯进行补光，其发光效率最高，是目前国内外设施栽培中应用最广泛的人工光源。另外，设施内墙上涂白、加强生长期修剪等也能有效改善光照。

☞138．如何增补设施内部环境的 CO_2 浓度？

CO_2在空气中浓度的高低，直接影响植物的光合效率。大气中 CO_2的含量通常是 0.03%，在这种程度上再提高空气中 CO_2的浓度，植物的光合作用强度仍呈直线上升。这说明，大气中的 CO_2浓度并未达到植物光合作用所需的饱和点。在 5 万～10 万 lx 的光照条件下，大多数植物的 CO_2饱和点在 800～1 000 mg/L。

而在温室中 CO_2浓度的变化是：从下午 16 时密闭大棚以后，随着植物光合作用的停止，CO_2浓度不断增加，18 时达 600 mg/L；20 时达 800 mg/L；22 时以后基本保持在 1 000 mg/L 左右，这个浓度一直保持到次日清晨 5 时左右。在这段时间棚内的 CO_2气体主要来自于植物的呼吸作用和土壤中有机物的分解作用。随着太阳出来，光合作用的进行，CO_2浓度急剧下降，到 7 时 30 分左右，CO_2浓度已下降到与外界大气中的浓度相平衡，9时左右可降低到100 mg/L左右，已降低到果树类植物的CO_2补偿点。若不及时补充CO_2，光合产物就会降到最低限度。一旦通风之后，CO_2浓度很快与大气平衡，到了中午叶光合作用增强，温室通风量则有限，空气中的CO_2浓度又开始降低。如果果树长期处在低CO_2浓度的条件下，就会严重影响其光合作用。在温室内，可以采取人为补充CO_2气体来提高浓度。CO_2浓度与光合强度的效应，在30℃范围内是光越强温度越高，效果越好。在光照强度低且低温时，增施CO_2肥效不明显。在土壤肥力高的情况下，CO_2肥效更为显著。当空气中CO_2浓度超越饱和点，光合作用强度便与CO_2浓度无关，过高的CO_2浓度，往往引起气孔关闭。一般CO_2浓度不要超过1 000 mg/L，即不会超过其饱和点。

在温室内施用CO_2的方法主要有：施用固体CO_2肥料或CO_2气肥，采用CO_2气罐释放气体（酿酒厂生产）或将稀硫酸和碳酸氢铵混合反应产生CO_2气体；增施有机肥料，利用微生物分解释放大量的CO_2，晴天上午通风补充CO_2等，各地可根据本地资源条件，选择使用。樱桃上应在花后开始补充CO_2，在日出后0.5 h即可施放，阴天可不施。施用CO_2后可适当提高室内温度，以便充分发挥肥效。

☞139. 如何防止有毒气体的危害？

温室设施常处于密闭状态，肥料分解和塑料薄膜老化都会释放出有毒气体。主要有毒气体有氨（NH_3）、二氧化氮（NO_2）、二氧化硫（SO_2）、一氧化碳（CO）、乙烯和氯气。当这些气体达到一定浓度时，引起树体和工作人员中毒，严重时落叶，落果，死树。在温室内，要施用经过充分腐熟的有机肥料，少用或不用尿素，避免撒施化肥，追肥后及时盖土并结合灌水，以抑制氨气、二氧化硫和二氧化氮的挥发；加热用的燃煤要选用优质无烟煤，加热用的烟道要严密，防止二氧化硫、一氧化碳中毒；选用无毒塑料制品及薄膜，防止产生乙烯和氯气；若发现烟熏或异味，及时通气放风。

☞ 140. 为什么要对设施樱桃进行花前锻炼？

山东烟台果树研究所张宗坤等(1998)认为，在开花前 10 d 左右，应尽可能地通风锻炼，使花蕾尽量多地接受直射光照射，对提高花芽发育质量和提高坐果率十分重要，是促进坐果和提高花芽质量不可缺少的技术环节。具体操作是：在花前 10 d，每逢晴天，在不降低温度的前提下，揭膜放风，增加花器官对自然条件的适应能力和提高花器的发育质量。萌芽期既不放帘降温，也不高温闷棚催芽，在保证适宜温度的前提下，及时通风换气。

☞ 141. 设施樱桃花果管理的要点有哪些？

(1)促进授粉

①高接花枝。为解决棚内授粉树不足、品种间花粉亲和力不高、授粉效果不佳的问题，在棚内升温开始 4 d，树液开始流动时，选取花粉量大的品种雷尼、先锋等的枝条，长度 30～60 cm，采用切腹接或劈接的办法嫁接在主栽品种，当年嫁接，当年开花，当年结果，以后产量稳定上升。

②盛花期前后相隔 10 d，各喷一次 0.3% 尿素加 0.3% 硼砂或 600 倍磷酸二氢钾溶液；也可以喷施 50×10^{-6} 赤霉素或 300 倍稀土微肥液，均可显著地提高坐果率。

③花期放蜂和人工辅助授粉同时进行，放蜂在开花前 7 d 放 1 箱熊蜂加 2 箱蜜蜂(666.7 m^2 大棚)。因为熊蜂耐低温，在 13～14℃ 能够活动，而且熊蜂体积大，活动力强，传粉能力强；蜜蜂须

在 16℃ 以上才能活动，活动频率高，二者相互取长补短，效果明显优于单纯的蜜蜂授粉。人工授粉，棚内密闭，空气流动性差，不利于传粉，自盛花初期开始，多次用鸡毛掸子在不同品种的花朵上轻轻滚动；用吹风机在树间吹风；花粉少时，提前制取花粉，人工点授。花粉需提前采集、贮藏。一般在铃铛花时采集花朵，带回室内，去掉花瓣、花丝，只留下花药，或两花心相对摩擦，使花药掉落。把花药平摊于干净的纸上，放在通风干燥的地方阴干，1～2 d 后花粉散出；或把花药摊于纸上，上放支撑物，再在支撑物上覆一报纸等，放在太阳下面晾晒，加速散粉。

④控制新梢旺长。在开花期至硬核前，一旦发生新梢旺长，及早摘心控制或花前喷 PBO。结果枝坐果后，新梢留 5～6 芽剪去，如新梢超过 5 cm 时再剪，坐果率明显提高。抹芽和摘心：背上强旺梢连续摘心，抹除背上旺芽及过密的芽。抹芽和摘心能节约大量树体贮藏营养，提高坐果率。

⑤叶面追肥和激素。开花前喷 1 000～1 200 倍，盛花期喷尿素、硼砂、磷酸二氢钾，浓度为 0.2%～0.3%，谢花后喷 1 500 倍、硬核前后喷 1500 倍的德国进口"爱吉富"牌海藻类叶面肥，或从谢花后，每隔 10 d，喷一次 800 倍的泰宝。盛花期喷 50×10^{-6} 赤霉素可有效提高坐果率。

(2)合理负载促进授粉和膨大

①花期疏除晚花、弱花、发育枝上的花，发育不良的畸形花，花丛枝开花过多的花也可适量疏除。

②生理落果后疏果，一般花束状短果枝上，只留 3～4 个果，最多 4～5 个，视树体整体状况决定留果量。疏果应先疏除小果、弱果、畸形果，光照不良、着色不好的果。

(3)促进果实膨大和着色。叶面喷肥、摘叶、铺反光膜，参照露地管理章节。

☞142. 如何防止设施樱桃隔年结果和土壤盐渍化？

（1）防止隔年结果。隔年结果是近年来设施樱桃生产中出现的较为普遍的现象，主要原因在于对花芽分化时期认识有误，肥水供应不足，负载量过大，以及肥、水、病虫防治管理不当引发“二次开花”和“花芽发育过度”等。据辽宁果树所研究，樱桃的花芽分化时间从花后 20～25 d 开始至花后 80～90 d 基本结束。所以，在防止方面要在花芽分化期增施叶面肥、及时灌溉；要及时疏蕾、疏花、疏果，合理负载，保持 3～5 年生树单产 300～400 kg/666.7 m^2，7 年生以上 500～600 kg/666.7 m^2；必须做好撤膜前的通风锻炼工作；生长季节采取拉枝、摘心等措施，加强采后树体管理。

（2）防止土壤盐渍化。由于设施内灌溉次数频繁，土壤透气性差，土壤团粒结构遭到破坏，渗透能力降低、吸附作用下降，而温度较高又造成水分蒸发，盐分则沉积下来，另外，化肥施用量过大等，加之环境密闭无自然降雨淋溶，易形成土壤盐渍化。要重视增施有机肥，提高土壤有机质含量；黏重土壤深翻掺沙，增加通透性。

九、樱桃树的病虫害防治

☞ 143. 病虫害防治的方针及主要方法有哪些?

樱桃病虫害是一种自然灾害,直接影响樱桃的产量、品质和市场供应。近年来,由于樱桃生产迅速发展,病虫害种类也随之增多,发生规律也较复杂,所以要注意病虫害防治工作。在实际防治过程中,常采取广谱化学农药,以提高其防治效果。但因长期使用或不合理地使用化学农药,使病原、害虫产生抗药性,杀伤天敌和污染环境。特别是樱桃供人们鲜食,使用化学农药后残留的问题比较突出,迫切需要贯彻“预防为主,综合防治”的植保工作方针。在综合防治中,要以农业防治为基础,因时因地制宜,合理运用化学防治、生物防治、物理防治等措施,经济、安全、有效地控制病虫害,以达到提高产量、质量,保护环境和人民健康的目的。

(1)植物检疫。预防病虫害的最好办法是防止危险性的病原、害虫进入未曾发生的新区。植物检疫是防治病虫害扩散传播的主要技术措施。

对进出口和国内地区间调运的种子、苗木、接穗、种条和农产品进行现场或产地检疫,发现带有病原、害虫的材料,在到达新区以前或进入新区分散以前进行处理。发现检疫对象应及时扑灭。通过检疫,有效地制止或限制危险性有害生物的传播和扩散,对阻止各地未曾发生过的植物病虫害的侵入,起着积极作用。如美国白蛾和樱桃根癌病都是我国主要检疫对象。

(2)农业措施

①保持果园清洁:搞好果园清洁是消灭樱桃病虫害的根本措施。要求在每年春、秋季节集中进行,并将冬剪剪下的枯枝病叶,清扫干净,集中烧毁或深埋,减轻翌年的危害。

②改善通风透光条件:樱桃枝叶过密,留果量太多,通风透光较差,容易发生病虫害。因此,要及时调整树体结构,创造良好的通风透光条件,以防止病虫危害。

③加强水肥管理:施肥、灌水必须根据果树生长发育需要和土壤的肥力决定。施用有机肥或无机复合肥,能增强果树对多种病虫害的抵抗能力,并使刺吸性害虫的营养恶化;而氮肥过多,磷、钾肥不足,土壤积水或干旱,能促使病虫害发生;地势低洼的果园,要注意排水防涝,促进植株根系正常生长,有利于增强树体抗逆性。

④深翻和除草:结合施基肥深翻,可以将土壤表层的害虫和病菌埋入施肥沟中,以减少病虫来源。并要将樱桃植株根部附近土中的虫蛹、虫茧和幼虫挖出来,集中杀死。果园中的残枝落叶和杂草,是病原、害虫越冬和繁衍的场所,其中杂草还给害虫提供了食源和适宜环境。因此,要及时除草,以减少病虫危害。

(3)选育抗病虫害品种。生产上应用抗性品种是防治病虫害最经济有效的方法,早已引起人们充分重视。抗病虫害品种的选育常用引种、选种、杂交育种、透变等方法,其中品种间或种间杂交选育抗性较强的品种效果明显。

(4)生物防治。生物防治是综合防治的重要环节。主要包括以虫治虫、以菌治虫、以菌治菌等方面。其特点是对果树和人畜安全,不污染环境,不伤害天敌和有益生物,具有长期控制的效果。目前在樱桃生产上应用的菌制剂 K_{84} 防治樱桃根癌病,有较好防治效果。另外,自然界里天敌昆虫很多,保护、利用自然天敌,防治果园中害虫是当前不可忽视的生物防治工作。

(5)物理防治。即利用果树病原、害虫对温度、光谱、声响等的特异性的反应和耐受能力，杀死或驱避有害生物的方法。如生产上栽培的无病毒樱桃苗木，常采用热处理方法脱除病毒。又根据一些害虫有趋光性的特点，在果园中安装黑光灯诱杀害虫，应用较为普遍，防治效果也较好，但要尽可能减少误诱天敌的数量。还可以利用某些害虫的假死习性，人工将害虫振落于地面捕捉、杀死，方法简便，经济有效。

(6)化学防治。应用化学农药控制病虫害发生，是目前果树病虫害防治的必要手段，也是综合防治不可缺少的重要组成部分。尽管化学农药存在污染环境、杀伤天敌和残毒等问题，但是它有其他防治方法不能代替的优点。如见效快、效果好、广谱、使用方便、适于大面积机械化作业等。但必须按照绿色无公害标准要求使用。

☞144．农药的种类有多少种？

(1)农药按用途不同，分为杀虫剂、杀螨剂、杀鼠剂、杀软体动物剂、杀菌剂、杀线虫剂、除草剂、植物生长调节剂等。

(2)按来源不同，分为矿物源农药(无机化合物)、生物源农药(天然有机物、抗生素、微生物)及化学合成农药三大类。

①矿物源农药，源于天然矿物原料的无机化合物和石油类农药，它包括硫制剂，如硫悬浮剂、石硫合剂等；铜制剂，如硫酸铜、王铜、氢氧化铜、波尔多液等；以及矿物油乳剂等。

②生物源农药是指利用生物活体或生物代谢过程中产生的物质，或从生物体提取的物质，作为防治病、虫、草害的农药。它包括：

A. 动物源农药：主要有昆虫信息素，如性信息素等。

B. 植物源农药：如除虫菊素、鱼藤酮、烟碱、植物油等杀虫剂；大蒜素等杀菌剂；印楝素、苦楝、川楝素等拒避剂；芝麻素等增效剂。

C. 微生物源农药：一是农用抗生素，如防治真菌病害的春雷霉素、多氧霉素、井冈霉素、农抗120等，防止螨类的浏阳霉素、华光霉素。二是活体微生物农药，如蜡蚧轮枝菌等真菌剂，苏云杆菌、蜡质芽孢杆菌等细菌剂，还有拮抗菌剂、昆虫病原线虫、微孢子、病毒等。

③化学合成农药：由人工研制合成，并由化学工业生产的商品化的一类农药，其品种繁多，包括化学杀虫剂、杀螨剂、杀线虫剂、杀菌剂、除草剂、植物生长调节剂等。

☞ 145. 无公害樱桃园农药使用标准是什么？

无公害樱桃生产使用的药剂，必须是世界上（无论是哪个国家）在樱桃上有登记的化合物。不能使用有致癌、致畸、致突变的危险或嫌疑的药剂。药剂使用准则如下：

（1）禁止使用剧毒、高毒、高残留、有“三致”（致畸、致癌、致突变）作用和无“三证”（农药登记证、生产许可证、生产批号）的农药。

（2）提倡使用矿物源农药、微生物和植物源农药。常用的矿物源药剂有（预制或现配）波尔多液、氢氧化铜、松脂酸铜等。

（3）科学合理使用农药

①对症施药：根据田间的病虫害种类和发生情况选择农药，防治病害以保护性杀菌剂为基础。

②适时施药：根据预测预报和病虫害的发生规律，确定使用药剂的最佳时期。

③使用农药要均匀周到、喷到位置。要选择合适的施药设备和使用方法，保证使用的农药准确、到位。

④严格按照农药的使用剂量使用农药。同一种类的允许使用的药剂：一般保护性生杀菌剂可以使用3～5次；具有内吸性和渗

透作用的农药可以使用1～2次，最好只使用1次；杀虫剂可以使用1～2次，最好使用1次。严格按农药的安全间隔期使用农药。

⑤在采收前15 d，禁止农药的使用。如果出现特殊情况，需要在采收前15 d之内使用农药，必须在植保专家指导下采取措施，确保食品安全。

⑥每一个生产者，必须对樱桃园中使用农药的时间、农药名称、使用剂量等进行严格、准确的记录。

⑦严禁使用未核准登记的化合物。

⑧其他情况按农药使用准则执行。

☞146. 绿色标准樱桃园农药使用标准是什么？

绿色食品生产应从作物-病虫草等整个生态系统出发，综合运用各种防治措施，创造不利于病虫草害滋生和有利于各类天敌繁衍的环境条件，保持农业生态系统的平衡和生物多样化，减少各类病虫草害所造成的损失。

优先采用农业措施，通过选用抗病抗虫品种，非化学药剂种子处理，培育壮苗，加强栽培管理，中耕除草，秋季深翻晒土，清洁田园，轮作倒茬、间作套种等一系列措施起到防治病虫草害的作用。

还应尽量利用灯光、色彩诱杀害虫，机械捕捉害虫，机械和人工除草等措施，防治病虫草害。特殊情况下，必须使用农药时，应遵守以下准则。

生产AA级绿色食品的农药使用准则：

(1)允许使用经专门机构认定，符合绿色食品生产要求，并正式推荐用于AA级和A级绿色食品生产的生产资料农药类产品。

(2)在AA级绿色食品生产资料农药类不能满足植保工作需要的情况下，允许使用以下农药。

①中等毒性以下植物源杀虫剂、杀菌剂、驱避剂和增效剂。如

除虫菊素、鱼藤酮、烟草水、大蒜素、苦楝、川楝、印楝、芝麻素等。

②释放寄生性捕食性天敌动物，昆虫、捕食螨、蜘蛛及昆虫病原线虫等。

③在害虫捕捉器中使用昆虫信息素及植物源引诱剂。

④使用矿物油和植物油制剂。

⑤使用矿物源农药中的硫制剂、铜制剂。

⑥经专门机构核准，允许有限度地使用活体微生物农药，如真菌制剂、细菌制剂、病毒制剂、放线菌、拮抗菌剂、昆虫病原线虫、原虫等。

⑦经专门机构核准，允许有限度地使用农用抗生素，如春雷霉素、多抗霉素（多氧霉素）、井冈霉素、农抗 120、中生菌素，浏阳霉素等。

（3）禁止使用有机合成的化学杀虫剂、杀螨剂、杀菌剂、杀线虫剂、除草剂和植物生长调节剂。

（4）禁止使用生物源、矿物源农药中混配有机合成农药的各种制剂。

（5）严禁使用基因工程品种及制剂。

生产 A 级绿色食品的农药使用准则：

（1）允许使用专门机构认定，符合绿色食品生产要求，并正式推荐用于 AA 级和 A 级绿色食品生产的生产资料农药类产品。

（2）在 AA 级和 A 级绿色食品生产资料农药类产品不能满足植保工作需要的情况下，允许使用以下农药。

①中等毒性以下的植物源农药、动物源农药和微生物源农药。

②在矿物源农药中允许使用硫制剂、铜制剂。

③有限度地使用有机合成农药：可选用由人工研制合成，并由有机化学工业生产的商品化的一类农药，包括中等毒和低毒类杀虫杀螨剂、杀菌剂、除草剂；严禁使用剧毒、高毒、高残留或具有三致毒性（致癌、致畸、致突变）的农药（表 21）；每种有机合成农药

(含A级绿色食品生产资料农药类的有机合成产品)在一种作物的生长期内只允许使用一次。要保证产品的农药残留量不超过国家规定的绿色食品标准。

(3)严格按照要求控制施药量与安全间隔。

(4)严禁使用高毒高残留农药防治贮藏期病虫害。

(5)严格禁止基因工程品种(产品)及制剂的使用。

表21　生产A级绿色食品禁止使用的农药

种类	农药名称	禁用作物	禁用原因
有机氯杀虫剂	滴滴涕、六六六、林丹、甲氧、高残毒DDT、硫丹	所有作物	高残毒
有机氯杀螨剂	三氯杀螨醇	蔬菜、果树、茶叶	工业品中含有一定数量的滴滴涕
有机磷杀虫剂	甲拌磷、乙拌磷、久效磷、对硫磷、甲基对硫磷,甲胺磷、甲基异柳磷、治螟磷、氧化乐果,磷胺、地虫硫磷、灭克磷(益收宝)水胺硫磷、氯唑磷、硫线磷、杀扑磷、特丁硫磷、克线丹、苯线磷、甲基硫环磷	所有作物	剧毒高毒
氨基甲酸酯杀虫剂	涕灭威、克百威、灭多威、丁硫克百威、丙硫克百威	所有作物	高毒、剧毒或代谢物高毒
二甲基甲脒类杀虫螨剂	杀虫脒	所有作物	慢性毒性致癌
拟除虫菊酯类杀虫剂	所有拟除虫菊酯类杀虫剂	水稻及其他水生作物	对水生生物毒性大
卤代烷类熏蒸杀虫剂	二溴乙烷、环氧乙烷、二溴氯丙烷、溴甲烷	所有作物	致癌、致畸、高毒
阿维菌素		蔬菜、果树	高毒
克螨特		蔬菜、果树	慢性毒性
有机胂杀菌剂	甲基胂酸锌(稻脚青)、甲基胂酸钙(稻宁)、甲基胂酸铵(田安)、福美甲胂、福美胂	所有作物	高残毒

续表 21

种类	农药名称	禁用作物	禁用原因
有机锡杀菌剂	三苯基醋锡(薯瘟锡)、三苯基氯化锡、三苯基羟基锡(毒菌锡)	所有作物	高残留、慢性毒性
有机汞杀菌剂	氯化乙基汞(西力生)、醋酸苯汞(赛力散)	所有作物	剧毒、高残毒
有机磷杀菌剂	稻瘟净、异稻瘟净	水稻	异臭
取代苯类杀菌剂	五氯硝基苯、稻瘟醇(五氯苯甲醇)	所有作物	致癌、高残留
2,4-D 类化合物	除草剂或植物生长调节剂	所有作物	杂质致癌
二苯醚类除草剂	除草醚、草枯醚	所有作物	
植物生长调节剂	有机合成的植物生长调节剂	蔬菜生长期(可用土壤处理与芽前处理)	
除草剂	各类除草剂	蔬菜生长期(可用土壤处理与芽前处理)	

注:引自《绿色食品　农药使用准则》。

☞ 147. 有机标准樱桃园农药使用标准是什么?

有机农业病虫草害防治的基本原则是从作物-病虫草等生态系统出发,综合应用各种农业的、生物的、物理的防治措施,创造不利于病虫草滋生而有利于各类自然天敌繁衍的生态环境,保持农业生态系统的平衡和生物多样化,减少各类病虫草害所造成的损失,逐步提高土地再利用能力,达到持续、稳产、高产、优质的目的。有机农业的病虫草害采取预防为主的策略,使作物在自然生长的条件下，依靠作物自身对外界不良环境的自然抵御能力提高抗病、虫、草的能力，通过改变病虫草的生态需要来调控病虫草的发生，将农作物受病虫草的危害程度降低到最低。

有机农业生产中病虫草防治的基本方法有：

(1)优先采用农业措施，通过合适的能抑制病虫草害发生的耕作栽培技术，如采用抗(耐)病虫品种、平衡施肥、培育壮苗、覆盖、深翻晒土、清洁田园、轮作倒茬、间作套种等一系列措施等控制病虫草害的发生。

(2)创造适宜的环境，保护和利用病虫、杂草的天敌，通过生态技术控制作物病虫草害的发生。

(3)尽量利用灯光、色彩等诱杀害虫，采用机械和人工方式除草以及热消毒、隔离、色素引诱等物理措施，防治病虫草害。

(4)特殊情况下，可采用有机认证机构允许使用的可以用来控制病虫草害的植物源、动物源、微生物源、矿物源农药(表 22)。

表 22　有机作物种植允许使用的植物保护产品物质和措施

物质类别	物质名称组分要求	使用条件
Ⅰ.植物和动物来源	印楝树提取物及其制剂、天然除虫剂(除虫菊科提取液)、苦楝碱(苦木科植物提取液)、鱼藤酮类(毛鱼藤)、苦参及其制剂、植物制剂、植物来源的驱避剂(如薄荷、薰衣草)、天然诱集和杀线虫剂(如万寿菊、孔雀草)、天然酸(如食醋、木醋和竹醋等)、蘑菇的提取物、牛奶及其奶制品、蜂蜡、蜂胶、明胶、卵磷脂	
Ⅱ.矿物来源	铜盐(如硫酸铜、氢氧化铜、氯氧化铜、辛酸铜等)、石灰硫黄(多硫化钙)、波尔多液、石灰、硫黄、高锰酸钾、碳酸氢钾、碳酸氢钠、轻矿物油(石蜡油)、氯化钙、硅藻土、黏土(如：斑脱土、珍珠岩、蛭石、沸石等)、硅酸盐(硅酸钠、石英)	不得对土壤造成污染

续表 22

物质类别	物质名称组分要求	使用条件
Ⅲ.微生物来源	真菌及真菌制剂(如白僵菌、轮枝菌) 细菌及细菌制剂(如苏云金杆菌,即 Bt) 释放寄生、捕食、绝育型的害虫天敌 病毒及病毒制剂(如颗粒体病毒等)	
Ⅳ.其他	氢氧化钙、二氧化碳、乙醇、海盐和盐水、苏打软皂(钾肥皂)、二氧化硫	
Ⅴ.诱捕器、屏障、驱避剂	物理措施(如色彩诱器、机械诱捕器等)、覆盖物(网)、昆虫性外激素、四聚乙醛制剂	仅用于诱捕器和散发皿内,驱避高等动物

注:引用自《GB/T19630.1—2005》。

(5)使用表 22 未列入的物质时,应由认证机构按照下述的评估准则对该物质进行评估。

①该物质是防治有害生物或特殊病虫害所必需的,而且除此物质外没有其他生物的、物理的方法或植物育种替代方法和(或)有效管理技术可用于防治这类有害生物或特殊病害。

②该物质(活性化合物)源自植物、动物、微生物或矿物,并可经过物理处理、酶处理或微生物处理。

③有可靠的试验结果证明该物质的使用应不会导致或产生对环境的不能接受的影响或污染。

④如果某物质的天然形态数量不足,可以考虑使用与该自然物质的性质相同的化学合成物质,如化学合成的外激素(性诱剂),但前提是其使用不会直接或间接造成环境或产品污染。

(6)不允许使用人工合成的除草剂、杀菌剂、杀虫剂、植物生长调节剂和其他农药,不允许使用基因工程生物或其产物。

☞148. 樱桃病害的侵染过程是怎样的?

侵染性病害的侵染过程是指病原生物侵入寄主(樱桃各器官)引起病害发生的过程,一般可以划分为以下三个时期。

(1)侵入期。是指病原物侵入樱桃器官建立寄主关系的阶段。病原物一般可以从自然孔口(气孔、皮孔等)、伤口(虫口、冻伤处等)和表皮等处侵入樱桃各器官。病原物侵入的难易程度与病原物的数量、樱桃各器官的表面状况和环境条件有关。病原物数量大,容易侵入成功;器官表面自然孔口敞开、伤口裸露、表皮组织结构不紧密,病原物容易穿透;外界水分多、湿度大、温度高,有利于病原物的繁殖和传播,而且樱桃各器官容易徒长;组织幼嫩,有利于病原物的侵入。相反,病原物不容易侵入寄主体内,而暴露在寄主体外,受外界风、光、热和生物因素的作用,则容易死亡,停止侵染过程。

(2)潜育期。指病原物侵入寄主体内与寄主建立共同的寄生关系以后,到出现明显的症状之前的阶段。这一时期并不意味着樱桃必然发病,这要看病原物侵入寄主之后,寄主对病原物的抵抗能力。抵抗力大于侵染力,则樱桃保持健康;反之,病原物侵入以后,能从寄主体内顺利得到营养供给,就很快繁殖扩张,则病害发生。樱桃病害潜育期的长短,因病害性质和环境条件而异,一般为10 d左右,在一定温度值内随气温的升高而缩短。

(3)发病期。经过潜育期,病原物在寄主内得到繁殖和扩展,寄主的正常生理活动受到干扰,很快从病部的组织病变,最后表现为形态病变的过程。由病原物侵入寄主,在寄主体内繁殖扩张,到病部形态病变的出现,这是整个侵染过程,通过这一侵染过程,病原物继续在全园传播和扩展,传染给另外一些植株。甚至本生长季节结束以后,病原物保留在植株的各器官外表面或体内,以及保留在樱桃园的土壤中、杂草上，等待翌年温度、水分条件合适时再度侵入樱桃各器官，发生再次侵染循环。

☞ 149. 樱桃的侵染性病害有哪些？如何防治？

(1)叶片穿孔病。穿孔病是甜樱桃叶片最常见的病害，包括细菌性穿孔病和真菌性穿孔病。细菌性穿孔病发生较普遍，严重时引起早期落叶。真菌性穿孔病种类较多，分布亦广，主要有霉斑穿孔病、褐斑穿孔病、斑点穿孔病。

①细菌性穿孔病：该病可以为害叶片、新梢及果实。叶片受害时，初期产生水渍状小斑点，后逐渐扩大为圆形或不规则形状，呈褐色至紫褐色，周围有黄绿色晕圈，天气潮湿时，在病斑背面常溢出黄白色黏质状的菌脓。病斑脱落后形成穿孔，或仍有一小部分与健康组织相连。发病严重时，数个病斑连成一片，使叶片焦枯脱落。

为害枝梢时，病斑有春季溃疡和夏季溃疡两种类型。春季溃疡斑：春季展叶时，上一年抽生的枝条上潜伏的病菌开始活动为害，产生暗褐色水渍状小疱疹，直径 2 mm 左右，以后扩大到长 1～10 cm，宽不超过枝条直径的一半；春末夏初，病斑表皮破裂，流出黄色菌脓。夏季溃疡斑：夏末，于当年生新梢上，以皮孔为中心，形成水渍状暗紫色斑，圆形或椭圆形，稍凹陷，边缘水渍状，病斑很快干枯。

为害果实时，初期产生褐色小斑点，后发展为近圆形、暗紫色病斑。病斑中央稍凹陷，边缘呈水渍状，干燥后病部常发生裂纹。天气潮湿时病斑上出现黄白色菌脓。

细菌性穿孔病是由黄单胞杆菌属的细菌 *Xanthomonas campestris pv. prumi* (Smith)Dye. 侵染引起的。革兰氏染色为阴性反应。菌落为黄色，圆形，边缘整齐。

细菌性穿孔病的病原细菌主要在春季溃疡斑内越冬，翌春抽梢展叶时细菌自溃疡斑内溢出，通过雨水传播，经叶片的气孔、枝条及果实的皮孔侵入，幼嫩的组织易受侵染。叶片一般于5～6月份开始发病，雨季为发病盛期。春季气温高、降雨多、空气湿度大时发病早而重。夏秋雨水多，可造成大量晚期侵染。具有潜伏侵染特性，在外表无症状的健康枝条组织中也潜伏有细菌。

细菌性穿孔病的防治：首先是加强栽培管理，增强树势，提高植株的抗病能力。结合冬季修剪，彻底剪除病枯梢，清扫落叶、落果，集中深埋或烧毁，以减少越冬菌源。春季发芽前喷1∶1∶100的波尔多液或5波美度的石硫合剂，或45%的石硫合剂晶体10倍液，杀死树皮内潜伏的病菌。生长期，花后7～10 d开始，每10 d喷72%链霉素3 000倍，喷2次。刚出现病叶时，喷代森锌800倍，或碧绿600倍或叶枯唑1 000倍液，间隔10～12 d，喷布1∶2∶200倍波尔多液，间隔15～20 d，喷一次叮呱呱1 500倍液。

②霉斑穿孔病：该病可以为害叶片、枝梢、花芽及果实。叶片上病斑近圆形或不规则形，直径2～6 mm。病斑中部褐色，边缘紫色。最后病斑脱落，叶片穿孔。发病后期，空气湿度大时，病斑背面长出灰黑色霉状物，为病菌的分生孢子梗和分生孢子。枝梢被害，以芽为中心形成长椭圆形黑色病斑，边缘紫褐色。病斑长3～12 mm。病斑流胶，有时枯梢。果实受害后形成褐色凹陷病斑，边缘呈红色。

霉斑穿孔病是由半知菌亚门的*Clasterosporium carpophilum*(Lev.)Aderh.引起的，病菌以菌丝或分生孢子在病梢或芽内越冬，翌年春季产生孢子经雨水传播，侵染幼叶、嫩梢及果实，病菌在生长季内可以多次再侵染，多雨潮湿是引起发病的主要条件。

防治措施上首先要注意栽培管理，增强树势，提高树体的抗病能力。冬剪时彻底剪除病枯枝，清扫落叶、落果，集中销毁，减少越冬菌源。甜樱桃萌芽前，喷布1∶1∶100波尔多液或5波美度的石硫合剂或45%石硫合剂晶体10倍液，杀死越冬病菌。5～6月份喷65%的代森锌500倍液。每7～10 d喷一次，连喷3～4次。

③褐斑穿孔病：该病可以为害叶片、新梢和果实。叶片受害初期，产生针头状大小带紫色的斑点，逐渐扩大为圆形褐色斑，边缘红褐色或紫红色，直径1～5 mm。病斑两面都能产生灰褐色霉状物。最后病部干燥收缩，周缘与健康组织脱离，病部脱落，叶片穿孔，穿孔边缘整齐。新梢和果实上的病斑与叶片上的病斑类似，空气湿度大时，病部也产生灰褐色霉状物。

褐斑穿孔病是由 *Crcosport circumscissa* Sacc.引起的。病原菌主要是以菌丝体在病叶、枝梢病组织中越冬，翌春气温回升时形成分生孢子，借风雨传播，侵染叶片、新梢和果实。此后，病部多次产生分生孢子，进行再侵染。病菌在7～37℃均可发育，适温为25～28 ℃。低温多雨利于病害的发生和流行。

褐斑穿孔病的防治：首先也是加强栽培管理，增强树势，提高树体抗病能力。冬剪时彻底剪除病枯枝，清扫落叶、落果，集中销毁。萌芽前喷1∶1∶100波尔多液，或5波美度的石硫合剂，或45%石硫合剂晶体10倍液。落花后喷70%代森锰锌可湿性粉剂500倍液，或70%甲基托布津可湿性粉剂1 000倍液，或75%百菌清可湿性粉剂800倍液，5～6月份喷65%代森锌500倍液。每7～10 d喷一次，连喷3～4次。

④斑点穿孔病：该病主要为害叶片。叶片受害后病斑近圆形，直径2～3 mm，褐色，边缘红褐色或紫褐色，上生黑色小点，为病菌的分生孢子器，最后病斑脱落穿孔。

斑点穿孔病是由半知菌亚门的 *Phyllostica persicae* Sacc.引起的。病菌主要以分生孢子器在落叶中越冬，翌春产生分生孢子，借风雨传播。

斑点穿孔病的防治增施嘉贝特生物有机肥，提高树体抗病能力。发芽前喷50倍的菌之敌药剂，5月中下旬喷一次诺星1 000倍或多乙 800 倍液,6 月中旬喷 1∶2∶200 倍波尔多液,间隔 15～20 d,喷一次叮呱呱 1 500 倍液,间隔 10～12 d,喷一次 1∶2∶200 倍波尔多液,尤其在雨水多年份,一定要喷波尔多液。

(2)叶斑病。该病主要为害叶片,有时为害叶柄和果实。叶片受害后产生褐色或紫色不规则坏死斑,病斑大而圆,叶背面产生粉色霉点,病叶易早落。

甜樱桃叶斑病原为真菌,在落叶上越冬。翌春天气转暖后形成子囊及子囊孢子。在甜樱桃开花期间子囊孢子成熟,散落,随风雨传播,侵染幼叶。病菌侵入幼叶后,有 1～2 周的潜伏期,之后出现发病症状,随后产生分生孢子,进行多次侵染。防治有以下方法。

①首先是加强栽培管理,使树势中庸健壮,提高树体抗病性。秋季彻底清扫落叶,翻耕园内土壤,减少越冬病菌数。

②春季萌芽前喷布辛菌胺 100 倍液,铲除越冬菌源。

③生长季节,待见到叶片上有斑时开始防治,前期喷有机杀菌剂如丙森·多类(70% 赛生 800～1 000 倍液)、多·锰锌类(70% 伊诺或普诺 800～1 000 倍液)、三唑类(苯醚甲环唑、氟硅唑等),涝雨季节喷 2 遍波尔多液。

(3)根癌病。症状:根癌病是根部肿瘤病。肿瘤多发生在表土下根茎部和主根与侧根连接处或接穗与砧木愈合处。病菌从伤口侵入,在病原细菌刺激下根细胞迅速分裂而形成瘤肿,多为圆形,大小不一,直径 0.5～8 cm,幼嫩瘤淡褐色,表面粗糙,似海绵状,继续生长,外层细胞死亡,颜色加深,内部木质化形成坚硬的瘤。患病的苗木或树体早期地上部分不明显,随病情扩展,肿瘤变大、细根少,树势衰弱,病株矮小,叶色黄化,提早落叶,严重时全株干枯死亡。

传播途径:根癌菌是一种土壤习居菌,细菌单独在土壤中能存活 1 年,在未分解病残体中可存活 2～3 年。雨水、灌水、地下害虫、修剪工具、病组织及有病菌的土壤都可传病。低洼地、碱性地、黏土地发病较重。

防治方法：

①以防为主，禁止调入带病苗木，选用无病苗。

②加强果园管理，增强树势，提高抗病能力，增施有机肥料，使土壤呈微酸性。耕作时，不要伤及根茎部及根茎部附近的根。

③选择抗病力强的砧木，如优选大青叶、马哈利等抗病植株。

④定植前，用 K_{84} 菌、1％硫酸铜、叶枯唑或碧绿倍蘸一下，杀灭或预防根瘤菌，防治根癌病效果很好。

⑤对已患病的树，刮除肿瘤后用 K_{84} 涂抹病部根系，也可用 K_{84} 菌水灌根，也可在生长期，在病根处，施用生物有机肥料，对根瘤生长起到抑制作用。

(4)樱桃干腐病

症状：干腐病多发生在主干、主枝上。发病初期，病斑暗褐色，不规则形，病皮坚硬，常溢出茶褐色黏液，后病部干缩凹陷，周缘开裂，表面密生小黑点，可烂到木质部，枝干干缩枯死。

传播途径：病菌主要以菌丝体、分生孢子器和子囊壳在病树皮内越冬，翌春病菌直接以菌丝扩展为害，或产生孢子靠风雨传播，从伤口、枯芽、皮孔侵入。该菌寄生力弱，具潜伏侵染特点，干旱年份和树势弱时发病重，树势恢复后，该病则停止扩展。

防治方法：

①加强栽培管理多施有机肥增强树势，涂药保护伤口，防止冻害。及时检查并刮除病斑，刮除后涂福美胂等药消毒保护。

②发芽前。用愈合剂原液涂抹剪口锯口或伤口。保护伤口，不被冻害。全树喷一次菌之敌 200 倍，保护伤不被侵染。

③对干腐病病斑，割去病皮，涂抹 5 倍辛菌胺，或用小刀纵向划刀，直接涂抹菌之敌原液。

(5)樱桃侵染性流胶病

症状:主要为害枝干,1年生嫩枝染病后,以皮孔为中心形成瘤状突起,直径1～4 mm,其上散生小黑点,当年不流胶。翌年5月份,瘤皮开裂,溢出树胶,由无色半透明逐渐变为茶褐色胶体。多年生枝产生水泡状隆起,直径1～2 cm,并有树胶流出。

传播途径:以菌丝体和分生孢子器在被害枝上越冬。翌春3～4月份弹射出分生孢子,风雨传播,从伤口皮孔、侧芽侵入。

预防:

①加强果园管理增强树势,提高抗病力。黏土地上建园,注意排涝,雨后降水后,要及时中耕松土,改善土壤通气状况和冬剪清除病枝。

②选择抗流胶的砧木,如马哈利,抗流胶的品种如美早。

③多用有机肥,配方平衡施肥,多施硅钙钾肥,其中,钙肥很重要。

④注重生长季修剪,冬季休眠期一般不剪树,选在萌芽后修剪。

⑤冬春季,树干涂白,避免冻伤和日灼,6～7月份,一般不去大枝。

⑥萌芽前或采收后,喷毒死蜱,防治虫害的发生,避免出现伤口。

治疗:

①萌芽前用抗菌剂“402”100倍液涂刷病斑。

②把胶用刀割去,不用刮皮,直接涂抹菌之敌5倍液,间隔20 d一次,连续2～3次。

③大粗枝干上流胶时,在新梢快速生长期,对流胶部位纵向划割,深达木质部,韭菜叶宽,会自动愈合,长出新皮,顶掉老皮。

(6)根茎腐烂病

症状:樱桃根茎部部分变褐色、逐渐扩大,最终全部变褐、腐烂,地上先是叶部出现萎蔫,枝条干枯,后来全树死亡。

病原及发生规律:山东省烟台市农科院李淑平,在国内首次发现该病菌为撕裂蜡孔菌(*Ceriporia lacerata*),多发生在地下水位高、滞水、沙地,先锋等品种嫁接在大叶中国樱桃上发病重,病原在病干部越冬,随灌水或雨水传播。

预防措施:

①水土调控:增施有机肥,按果与腐熟土杂肥比例为1:(5~10),年年使用,改善土壤的团粒结构,高畦起垄,达到及时排水,根茎部喷土堆,根茎部免受冻害及避免被水长时间浸泡。

②干茎喷药:结合树上果实和叶片的病虫害防治,每次喷药时,从地面开始,把树干周围的土壤和主干全部喷匀喷透。

③树干涂白或树盘喷浓石灰乳反光,降低温度,延迟树液流动,降低树干的昼夜温差,预防冻害。

④灌药预防:对未患病树的预防,可在早春和5月下旬,在树干周围挡起小湾,然后灌200倍的$CuSO_4$ 1.5 kg左右,或灌200倍50% 多菌灵。

治疗措施:

①发现病树后,彻底刮除腐烂部位,涂药防治,药剂可选用50% 多菌灵200倍液或10% 氟硅唑1 000倍液。

②扒开病斑,不刮除病皮,春季萌芽前,直接涂抹过氧乙酸原液,待7月份,再涂抹10倍液一次。

(7)樱桃褐腐病。樱桃褐腐病又名灰星病,是引起果实腐烂病的重要病害。

症状:主要为害樱桃的花、叶、枝,但以为害果实最为严重,花朵发病时,花瓣变成褐色干枯,果实从幼果期就可受到危害,接近成熟和成熟期发病重,幼果发病时果面发生黑褐色圆形斑点,后病斑扩大,后病斑扩大果肉为茶褐色病斑,不软腐,成熟果发病时,果面初现褐色小斑点,后迅速蔓延引起整果软腐,表面长出黑色霉层,病果成为僵果悬挂树上。

传播途径:病菌在病枝或落地病果或树上僵果内越冬,春季产生分生孢子借风雨水滴昆虫和作业工具等途径传播,分生孢子可直接从柱头、蜜腺侵入花器官,引起花腐,也可经伤口和皮孔侵入果实引起果腐,地面或空气中湿度大,密度大及修剪不当,透光通风条件差时发病重,花期低温高湿易引起花腐,后期温暖多雨或多雾易引起果腐。

防控措施:

①消灭菌源,结合修剪,清除病叶、病果、病枝,清扫枯枝落叶,予以集中烧毁或深翻。

②深翻土地,改造郁闭园,改善果园通风透光条件,防治园内湿度过大。

③及时防治病虫害,减少虫伤口。

④药物防治:发芽前喷5波美度石硫合剂,花前或花后喷50%唑啉酮2 500倍,发病严重时,可喷70%多乙800倍液。

(8)灰霉病

症状:该病主要为害果实,果实变褐色,后在病部表面密生灰色霉层,最后病果干缩脱落,病在表面形成黑色小菌核。

传播途径:病菌以菌核及分生孢子在病果上越冬,翌年随风雨传播。

防治方法:

①及时清除树上和地面的病果,集中深埋或烧毁。

②落花后及时喷布52.5%异菌脲多菌灵1 000倍液或40%嘧霉胺悬浮剂1000～1500倍液。

(9)病毒性病害。由病毒、类菌原体、立克次氏体引起的病害繁多,仅有记载的就有40多种,不但影响树体生长,影响产量、品质,也影响樱桃树的寿命。它们引发的明显症状有:节间缩短、失绿黄化、叶脉白化、小叶、花叶、丛枝、小叶皱缩、卷叶、叶焦枯、枝干裂性溃疡、粗皮、小果等。

①李线纹斑病：感染李线纹病毒的植株，叶片出现淡绿色、黄色或乳白色的斑纹。斑纹形状有时为线纹斑，与柞树叶片形状很相似；有时为叶脉带状斑，叶片的一部分或整叶沿叶脉形成淡绿色带状斑纹。

②樱桃锉叶病：该病是由感染多种病毒所致，症状是叶背面显著地过度生长，在侧脉之间和主脉附近出现隆状突起，叶片变形、狭长、折叠、扭曲。感病幼树生长极弱，结果少，严重时树体死亡，感病树花粉带毒。

③甜樱桃矮化病：引起甜樱桃矮化的病毒是多种病毒复合浸染所致，其中主要病毒是李矮化病毒。感病后嫁接成活率降低，病树严重矮化，花芽极多，但坐果率极低，有时叶片卷曲。

④甜樱桃皱叶病：属类病毒病害，有遗传性。感病植株叶片形状不规则，往往过度伸长、变狭，叶缘深裂，叶脉排列不规则，叶片皱缩，常常有淡绿与绿色相间的不均衡颜色，叶片薄、无光泽、叶脉凹陷，叶脉间有时过度生长。皱缩的叶片有时整个树冠都有，有时只在个别枝上出现。明显抑制树体生长，树冠发育不均衡。花畸形，产量明显下降。

⑤樱桃变异嵌合体：叶片局部出现浅绿色至黄色，病、健分界清晰，为遗传性病害。将病芽嫁接在健康植株上可产生同样的症状。

这类病害的主要传播途径有：嫁接传播、害虫传播、花粉传播、田间管理操作传播，树体一旦感染病毒性病害，终生不得免除，只能根据发病特点，传播途径进行综合防治：一经发现或经确认的病株实行严格隔离，病株量少或严重时应挖除；观赏性樱桃是小果病的中间寄主，在樱桃栽培区不宜种植这类中间寄主植物；繁育和种植无病毒苗木，这是防治病毒病最有效的方法；加强田间管理，增施有机肥料，提高树体抗性，土壤消毒，减少或消灭土壤线虫，注意操作工具的消毒；喷洒抗病毒类药物：目前在市场有售病毒A、病毒唑等药剂，有一定减轻症状的效果。

预防：

①在樱桃园内一经发现或经确认的病株实行严格隔离，病株量少或严重时应挖除。

②栽培脱毒苗木，无病毒环境嫁接，用脱毒品种和砧木，采用不带病毒的嫁接苗，培育脱毒苗栽培脱毒的樱桃新品种并进行栽培，是解决樱桃病毒病的关键。

③土壤消毒，减少或消灭土壤线虫，剪刀消毒，冬春用无病毒刀锯修剪，预防接触传染。

④脱毒园与普通园间隔50 m以上，防止花粉传播。

⑤增强树势，通过施有机肥（嘉贝特）、有机无机复混肥（果农乐），强壮树体，提高抗病能力。

治疗：

①3月下旬至开花前，选择病毒灵（吗啉胍·乙酸铜）每袋对水80 kg，在每棵树周围1 m范围内，开沟灌根10 kg药液，对发病较重的树，间隔10 d再灌一次，效果显著。

②用病毒灵（吗啉胍·乙酸铜）5倍液涂刷树干，抑制钝化病毒增生。

③花前、花后，全园喷施病毒灵（吗啉胍·乙酸铜）800倍液。

④施生物菌肥抑制病毒，如土里木里生物有机肥。

☞ 150. 樱桃的非侵染性流胶病如何防治？

（1）病因。为生理性病害。冻害、病虫害及机械伤是引起流胶的主要原因，施肥不当、修剪过重、结果过多、土壤黏重等引起树体生理失调的栽培管理措施也会导致树体流胶。

(2)发病规律及症状。患病树自春季开始,在枝干虫害、机械损伤伤口处以及枝杈夹皮死组织处溢泌树胶,尤其雨季或长期干旱后偶遇暴雨,流胶病严重。流胶后,病部稍肿,皮层及木质部变褐腐朽,腐生其他杂菌,导致树势日衰,严重时枝干枯死。

(3)防治方法

①增施有机肥,防止旱、涝、冻害,增强树势,提高抗性。

②树干涂白,预防日灼,一般用石灰、硫黄和水按 1∶1∶20 的比例配制涂白剂。

③加强病虫害防治,特别是蛀干害虫的防治。

④防止机械创伤和伤害主根,修剪时尽量避免大伤口。

⑤雨季防涝,及时排涝和中耕松土,改善土壤通气条件。

⑥早春发芽前将流胶部位病组织刮除,伤口涂 45% 晶体石硫合剂 20 倍液,然后用白铅油或煤焦油保护。

☞151. 樱桃的营养元素缺乏症如何矫治?

(1)钾

①钾对樱桃的作用:适度钾肥促进果实膨大和成熟,钾多果实大,糖酸含量均高,改善果实品质,促进花芽分化,提高产量。提高植株抗旱、抗寒、抗高温和抗病虫害的能力。

②缺钾症状:樱桃开始缺钾的症状常发生在新成熟的上部叶片,叶边缘出现黑色、褐色和干枯,继而发展为灼伤,还可在大多数叶片的叶脉之间向中心发展危害,包括中肋和短叶柄的下面叶片产生褐色小斑点,几乎同时从叶片到叶柄发暗并变为干枯或坏死,这是樱桃特有的缺钾症状。樱桃缺钾,较老的叶片受害重,较幼嫩的叶片不显示症状。这说明钾素可由较老叶片向幼嫩叶片转移,所以新叶中钾素常充足,不表现缺钾症状。光照会加重叶片灼伤。所以缺钾易与日烧相混淆。灼伤的叶片其叶柄常发展成浅棕色到暗棕

色有轻度损害，以后逐渐凋萎。缺钾时果实颜色浅，质地柔软，没有味道。缺钾时根系一般正常，但颜色暗。轻度缺钾可自然恢复。

③缺钾发生规律：在沙土及有机肥和钾肥少的土壤中易缺钾。施氮肥过多，对钾吸收有拮抗作用。缺氮时施用钾肥不能增加叶中的钾。

④缺钾防治方法：施足厩肥等有机肥可减轻缺钾现象。钾不足时，可施氯化钾、硫酸钾，或每 666.7 m^2 施氮磷钾复合肥 50～100 kg，叶面喷施用 0.1%～0.2% 的磷酸二氢钾 2～3 次。

(2)钙

①钙对樱桃的作用：樱桃对钙的吸收量仅少于钾和氮，以果实中含钙量最高。钙可降低果实的呼吸作用，增强果实耐贮性，减少生理病害；增强植株抗逆性；保证根系正常生长；降低铜、铝对果树的毒害作用。

②缺钙症状：樱桃缺钙最典型的是叶焦病，硬果，根尖生长受阻和生长点受害。叶焦病在叶片加速生长期频繁出现，其特征是叶片皱缩，或者缩成皱纹，顶端不能充分展开，变成黑色。在病叶叶柄的棕色斑点上还会流出糖浆状水珠，大约在下面花茎 1/3 的距离叶会出现类似症状。缺钙浆果表面有密集的种子覆盖，未展开的果实上种子可布满整个果面，果实组织变硬、味酸。缺钙樱桃的根短粗、色暗，以后呈淡黑色。在较老叶片上叶色由浅绿到黄色，逐渐发生褐变、干枯，在叶的中肋处会形成糖浆状水珠。

③缺钙发生规律：土壤干燥，土壤溶液深度大，阻碍对钙的吸收。酸性土壤，或年降水量多的沙质土壤容易发生缺钙现象。

④缺钙防治方法：樱桃缺钙的矫治，最好在栽植前向土壤增施石膏，数量视缺钙程度而定。石膏如作追肥施用时应减少用量。叶面喷施 0.3% 氯化钙水溶液可减轻缺钙现象。另外，应及时浇水，保证水分供应。

(3)镁

①镁对樱桃的作用：镁使根生长健壮，能促进体内维生素 A 和维生素 C 的形成，对于提高果实品质有重要意义。镁能增强植株抗寒越冬能力。

②缺镁症状：樱桃成熟叶片缺镁时，最初上部叶片的边缘黄色和变褐枯焦，进而叶脉间退绿并出现暗褐色的斑点，部分斑点发展为绿色并肿起。枯焦现象随着叶龄增长和缺镁加重而发展，幼嫩的新叶通常不显示症状。缺镁植株的浆果通常比正常果红色淡，质地较软，有白化现象。缺镁时根量则显著减少。

③缺镁发生规律：在沙土地上栽培樱桃易出现缺镁症，施用大量钾肥抑制镁的吸收，引起缺镁；施用铵态氮引起缺镁；大量使用石灰或硝酸钠也会引起缺镁；大雨后容易引起缺镁。

④缺镁防治方法：增施有机肥。定植前每 666.7 m^2 施硫酸镁 4～8 kg。亦可叶面喷硫酸镁，浓度为 1%～2%。

(4)铁

①铁对樱桃作用：使樱桃生长正常，防止黄叶，增加叶中的叶绿素含量。

②症状：缺铁的最初症状是幼龄叶片黄化或失绿，但这不能肯定是缺铁，当黄化程度发展并进而变白，发白的叶片组织出现褐色污斑时，则可断定为缺铁。樱桃中度缺铁时，叶脉（包括小的叶脉）为绿色，叶脉间为黄白色。叶脉转绿复原现象可作为缺铁的特征。严重缺铁时，新成熟的小叶变白，叶边缘坏死，或者小叶黄化（仅叶脉绿色），叶片边缘和叶脉间变褐坏死。缺铁樱桃植株的根系生长弱。缺铁对果实影响很小，严重缺铁时樱桃单果重减少、产量降低。

③缺铁发生规律：碱性土壤容易缺铁，酸性强的土壤也易缺铁。铁的吸收是通过根系周围土壤颗粒的离子交换进行的，因此，凡是影响新根生长的因素均可影响铁的吸收。例如，土壤中氧气的不足，水分过多过少，土温过高过低，土壤含盐量过高，根系病虫

害或磷过多等，均可减少根冠比而引起缺铁。

④缺铁防治方法：使土壤 pH 保持在 6～6.5，不宜大量施用碱性肥料。栽植樱桃时土施硫酸亚铁或螯合铁，也可在缺铁症状刚出现时土壤追施，1 m 长栽植行施 1～2 g；也可叶面施肥，用 0.1%～0.5% 硫酸亚铁水溶液。

(5)硼

①硼对樱桃的作用：硼可提高坐果率，减少未受精果，提高产量。使枝叶生长繁茂，根系发育良好。增加果实可溶性糖含量，提高叶片中硼的含量。

②缺硼症状：表现为幼龄叶片出现皱缩和叶焦，叶边缘黄色，生长点受伤害，根粗短、色暗。随着缺硼的加剧，老叶的叶脉间有的失绿，有的叶片向上卷。缺硼植株的花小，授粉和结实率降低，果小，果实畸形，或呈瘤状，种子多，有的果顶与萼片之间露出白色果肉，果实品质差，严重影响产量。

③缺硼发生规律：华南花岗岩发育的红壤和北方含石灰的碱性土易缺硼。酸性土施用石灰，使土壤硼呈不溶解状态，有效性降低。施用大量钾肥会减少硼的吸收。干旱季节和干旱年份使土壤中硼的有效性降低，易出现缺硼。只有在温度较高时，植株才吸收硼。

④缺硼防治方法：多施有机肥有助于防止缺硼。严重缺硼的土壤，樱桃栽植前后土施硼肥。适时浇水，提高土壤可溶性硼的含量，以利于植株吸收。还可叶面喷硼，一般喷硼砂水溶液。

☞ 152. 樱桃的常见害虫有哪些？如何防治？

(1)红颈天牛。又名哈虫。幼虫在树干基部木质部钻弯曲隧道，造成皮层脱落，树势衰弱，常引起整株死亡。成虫雌者比雄者大，黑色，有光泽。前胸背部棕红色，故名红颈天牛。2～3 年发生一代。以幼虫在树干的隧道内越冬。树液流动后越冬幼虫开始为害,除成虫在树上活动外,其余虫态都在树干内,以幼虫在树干内蛀食为害。

防治方法:

①捕捉成虫。在成虫出现期,利用其午间静息于枝条的习性,进行人工捕捉。

②消灭幼虫。当发现有新鲜粪便排出蛀孔时,用刀挖除幼虫。

③将浸泡 300 倍敌敌畏液或毒高氯的棉球,或磷化铝片,用铁丝堵塞在蛀孔中,然后用调好的黄泥封住蛀孔,也可用塑料薄膜将树干包扎严密,上、下两头用绳扎紧,扎口处将粗皮刮平,以发挥药物的熏蒸作用。树干表面每平方厘米投放 50 g,磷化铝片毒性大,一般皮层内皮和木质部间的幼虫可杀死。

④果实采收后,6～7 月份,成虫羽化盛期喷菊酯类农药防治。成虫发生前,在树干或大枝上涂抹白涂剂生石灰 10 份、硫黄 1 份、水 40 份配成,防止成虫产卵。

(2)金缘吉丁虫。又名串皮哈虫。幼虫蛀入树干皮层内纵横串食。幼树受虫害部位树皮凹陷变黑,大树虫道外症状不明显。由于树体输导组织被破坏,引起树势衰弱,枝条枯死。成虫体扁平,全体绿色有金属光泽,虫体的边缘为金红色,故称金缘吉丁虫。老熟幼虫体扁平,黄白色,属于有头无足形。以不同龄的幼虫在蛀道内越冬,3 年发生一代。第 3 年的越冬老熟幼虫化蛹,蛹期 15～30 d,成虫羽化盛期 5～7 月份,5 月下旬产卵最多,卵产在老皮及伤疤处,卵期 10～15 d,6 月上旬孵化,初龄幼虫仅在皮内为害,3 龄幼虫蛀食树干。成虫晴天中午前后气温较高时活动,早晚、阴雨天静伏在叶背,受惊扰则假死落地。

防治方法:

①利用成虫的假死习性,在清晨气温低时,振荡树捕杀成虫。刮树皮,消灭卵和幼虫。也可利用成虫的趋光性,设置黑光灯

诱杀。

②化学防治。6月上旬以后虫卵孵化为幼虫时，立即喷一次48%毒高1000倍，尤其树干和枝干，要喷匀、喷透。

(3)小透羽蛾。又称旋皮虫，粗皮虫。幼虫在主干和大枝的皮下为害，被害处周围有红褐色虫粪，常引起流胶，减弱树势。1年1代，3～4龄幼虫皮下越冬，翌年树萌动后继续蛀食。老熟幼虫在被害树皮先咬一圆形羽化孔，但不咬透表皮，于5月中下旬开始做茧化蛹，6月上旬羽化。成虫羽化时咬破树表皮，将蛹壳一半带出羽化孔。成虫产卵于树皮裂缝及伤疤处，8月下旬至9月上旬卵孵化，幼虫蛀入树皮为害。

防治方法：修剪时剪除被害枝条，集中烧毁；早春或晚秋在树干上发现鲜虫粪时，人工捉拿。具体可参照红颈天牛防治方法。

(4)丘坚介壳虫。以若虫和雌成虫固定在枝条上吸食汁液，大量分泌蜜露污染树体，被害枝条生长不良，甚至死亡。雌成虫为半球形，直径3～3.5 mm，初为黄棕色，后为栗色，有光泽，表面有横皱状小凹点3～4列。1年1代，以2龄若虫在枝条腹面、裂缝、伤口边缘、粗皮处越冬。越冬虫体上覆盖白色蜡质物，3月上中旬若虫从蜡质物下面爬出，另选枝条群集吸食，并分化成雌、雄两性，雌体膨大成半球形，雄体覆盖一层蜡质，随即化蛹，4月上中旬羽化出雄成虫，与雌成虫交尾后死去。4月下旬至5月初，雌成虫产卵，然后逐渐干缩，仅剩下空壳，壳内充满卵粒。5月中下旬卵开始孵化，爬出母壳分散到枝条上为害，9～10月份，蜕1次皮变为2龄若虫越冬。

防治方法：第一，保护天敌，黑缘红瓢虫是该虫的主要天敌；第二，修剪时剪除有虫的枝条，或用刷子刷除若虫；第三，早春发芽前喷5波美度石硫合剂。果实采收后喷0.3波美度石硫合剂或菊酯类杀虫剂。

(5)桑白介壳虫。以若虫和成虫在枝条上吸食汁液，严重时枝干遍布白色介壳,枝条萎缩枯干,甚至全树死亡。雌介壳虫近圆形,白色或灰白色,背面隆起,有明显的螺旋纹,壳点黄褐色;雄介壳虫长条形,灰白色,背面有3条突起的隆脊,壳点呈黄色。1年1代,受精雌成虫在枝条上越冬,4月下旬至5月初,雌成虫产卵于壳下,然后逐渐干缩,仅剩下空壳,壳内充满卵粒,有40～400粒。卵7～10 d孵化,第一代若虫5月份出现,初孵若虫仅在壳下停留数小时即分散到枝条上为害。8～10 d,虫体上覆盖蜡粉逐渐形成介壳。6月中下旬雄成虫羽化,与雌虫交尾后死去。7月初雌虫产第二代卵,7月中下旬出现第二代若虫,9月下旬至10月初雌成虫交尾受精后越冬。

防治方法:

①萌芽前,剪除虫枝虫干,或用硬毛刷刷除越冬成虫,或用柴油乳剂涂干。喷45%晶体石硫合剂100～200倍,或喷5波美度石硫合剂,或喷40%新农宝500倍液。

②生长季,若虫孵化期,上未分泌蜡粉,抗药能力差,是防治的关键时期,在烟台的福山区,5月18～20日,即当卵粒变成粉红色后7 d,立即喷一次1 000倍的40%新农宝。

(6)天幕毛虫。俗称春黏虫,顶针虫。幼龄幼虫在樱桃枝杈处结网,将网幕周围的叶片吃光,由于有结网张幕的习性,故称天幕毛虫。成虫将卵产在细枝上,密集成环状排列,形似顶针。以卵越冬,翌年樱桃萌芽后,幼虫从壳内钻出,先在卵环附近群集为害嫩叶,随后下移至小枝杈处结网张幕。白天潜伏网内,夜间爬出为害。近老熟幼虫,白天群集在树干背阴面枝杈处,夜间出来吃叶。

防治方法:结合修剪,剪除枝梢上的越冬卵环。在幼虫危害期,可喷布菊酯类农药或灭幼脲3号毒杀幼虫。

(7)舟形毛虫。幼虫有群集性,先在被害枝条先端叶片的背面,将叶肉吃光。而后群体分散,将叶片吃光仅剩叶脉和叶柄,是杂食性害虫。成虫雌蛾体长约30 mm,雄蛾略小,全体黄白色。卵球形，几十粒整齐排列在叶背面。老熟幼虫体长 45～55 mm，头黑色，背面紫褐色，腹面紫红色，幼龄幼虫静止时头尾两端翘起，形如舟状，故称舟形毛虫。每年发生一代，以蛹在寄主根部约 7 cm 深土层中越冬。翌年 7～8 月份羽化成虫，卵多产于叶的背面，卵期 7～8 d。3 龄前幼虫群集在叶背为害，如遇振荡，则成群吐丝下垂。3 d 以后逐渐分散，小群取食，食量大增。9 月份老熟幼虫沿树干爬下，入土化蛹越冬。

防治方法：结合秋翻，春刨树盘，让越冬蛹暴露地面，经风吹日晒失水而死。利用幼虫群集取食和受振荡吐丝下垂的习性，进行人工捕杀。化学防治同天幕毛虫。

(8)叶螨。目前为害樱桃的叶螨类主要有山楂叶螨(山楂红蜘蛛)和二斑叶螨。叶螨以刺吸式口器刺入叶片内吸取汁液，被害叶片初期呈现灰白色失绿小斑点，随后扩大以致全叶呈灰褐色，然后焦枯脱落。严重年份，7～8 月份树叶大部分变糊脱落，造成二次开花，影响翌年产量。

防治方法：山楂叶螨较二斑叶螨活动得早，在防治上要注意。主要方法如下。

①秋季清除落叶，刮除老树皮消灭越冬虫口。

②选对药剂(既有杀卵，又有杀螨成分的)，如 10% 螨门斩、阿维炔螨特。

③早防、连防(连续喷药)＋增效剂(增效先锋)。

④更换你以前经常使用的药剂(减少抗性)。

(9)绿盲蝽。绿盲蝽属半翅目、盲蝽科。近几年，绿盲蝽为害大樱桃较重。每年 4 月上中旬，气温达 20℃ 以上，空气相对湿度在 60%以上，越冬卵孵化为幼虫，以若虫和成虫刺吸为害幼梢、嫩叶和幼果。幼叶受害，被害处形成褐色、针尖大小的坏死点，随着叶片的伸展长大，褐色斑点破裂，以坏死点为中心，形成圆形或不规则的孔洞。为害严重的叶片，从叶基至叶中部残缺不全，就像被咀嚼式口器的害虫啃食过。为害严重的新梢尖端的小嫩叶，出现孔网状褐色坏死斑。幼果被害，绿盲蝽刺吸果实基部汁液，果面变得凹凸不平，着生许多小黑点，严重的还刺吸幼果中部及尖端，随着果实增大，果面的坏死斑也变大，果肉下陷，呈木栓化，果面出现锈斑，影响果实的正常发育，使果实失去经济价值，严重者果实脱落。

防治方法：

①经常清除果园内外杂草，消灭虫源。

②萌芽前喷一次48％的毒高1 500倍液。

③生长季，发现叶片被危害时，喷布25％铁拳2 000倍液或20％啶虫脒1 500倍液。

(10)梨小食心虫。幼虫危害新梢，多从新梢顶部开始危害，从叶片基部蛀入髓部，蛀孔外有虫粪排出和胶流出，蛀孔以上的叶片逐渐干枯死亡，有的新梢折断，幼虫由梢内脱出或转移，每个幼虫可蛀害新梢3～4个，被害新梢中空，并留下脱出孔。

防治方法：

①早春发芽前刮除老翘皮，集中烧毁，当被害新梢叶片萎蔫时，及时带虫摘除新梢，减少虫源。

②挂性诱剂诱杀，时间在4月下旬至5月上旬(盛期)。成虫发生期用黑光灯和糖醋液诱杀，按红糖、醋、水的比例1∶2∶(10～15)盛放碗内，挂在树上，诱杀成虫每666.7 m^2 挂8个左右，当诱蛾量达到高峰后3～5 d是喷化学农药的最佳时期。

③用甲氧虫酰肼(20％雷通)3 000倍，或喷10％惊彩(三氟氯氰菊酯)6 000倍或2.5％三氟氯氰菊酯2 000倍，效果很好，也可以用25％的阿维灭幼脲1 500倍或20％的甲维灭幼脲1 500倍，进行化学防治。

(11)大青叶蝉。以若虫或成虫刺吸枝叶汁液，晚秋成虫越冬产卵时，用锯状产卵器将枝条皮层划成弯月形开口，产卵于其中，形成泡状突起伤疤，造成枝干损伤，枝条失水，削弱树势，使其抗逆性下降，严重者冬季冻死。

防治方法：

①清除园内外杂草，减少越冬场所，利用成虫的趋光性，设置黑光灯诱杀。

②涂白，利用10月中旬成虫产卵前，在树干上涂白涂剂，防止成虫发生。

③药物防治。萌芽前喷干枝，4月初和10月中旬喷树干，药剂用25%铁拳1 500倍液。可在霜降前后进行防治，可喷洒40%毒死蜱(微乳剂)1 000倍液。

(12)金龟子。金龟子主要包括苹毛金龟子、铜绿金龟子和黑绒金龟子。主要为害叶片、果实和花朵及枝芽，受害叶片出现破洞或缺刻，严重时被吃光，花受害后，有时整个花被食光。

防治方法：

①人工捕杀：在成虫发生期，利用它有假死的习性，组织人力于清晨和早晚用振落的方法捕杀成虫。

②诱杀：铜绿金龟子、黑绒金龟子有趋光性，可用黑光灯诱杀。

③药剂喷杀：防治苹毛金龟子，一定在开花前2～3 d喷药，以免在花期喷药影响坐果率，可用48%毒死蜱高氯全树喷杀。

④封闭地面：用40%的毒死蜱颗粒剂，每666.7 m^2 10 kg，撒地表，再划锄。

(13)蛴螬。蛴螬是金龟子的幼虫，主要啃食果树和幼苗的根颈皮层，啃食幼树根茎表皮达木质部，使幼树逐渐死亡，幼苗受害，主要从根颈部咬断而死亡。

防治方法：

①选用抗性砧木，如优选大青叶、大叶大等。

②结合松土翻树盘、翻苗圃地、耕地、起垄、整畦，捡到外面。

③封闭地面，用30%的毒死蜱微乳剂胶囊，每666.7 m^2

30 kg，撒地表，再划锄，浇水。

(14)象甲类害虫。主要为害新栽植树的芽和叶，被害后不萌发枝条，严重时则全树枝叶被吃光。

防治方法：

①封闭地面，用 40% 的毒死蜱颗粒剂，每 666.7 m^2 10 kg，撒地表，再划锄。

②新栽植的苗木，定干后，用塑料或报纸卷成细筒，把干套起来。

(15)樱桃果蝇。樱桃果蝇主要为害大樱桃果实，成虫将卵产在大樱桃果皮下，卵孵化后，幼虫先在果实表层为害，然后向果心蛀食，随着幼虫的蛀食为害，果肉逐渐软化、变褐、腐烂。一般幼虫在果实内 5～6 d 便发育成老熟幼虫，然后咬破果皮脱果，脱果孔 1 mm 大小。一粒果实上往往有多头果蝇为害，幼虫脱果后果皮上留有多个虫眼。一年发生 10～11 代。以蛹在果园地表 1～3 cm 处、烂果或果壳内越冬，翌年 2 月底或 3 月初气温达 15℃ 左右、地温达 5℃ 左右时成虫开始活动，4 月 15 日前后为羽化盛期，5 月中旬气温稳定在 20℃ 左右、地温 15℃ 左右时成虫数量增大，5 月中下旬成虫开始在果实上产卵，6 月上中旬中晚熟大樱桃果实大量成熟时是为害盛期。幼虫在果实内蛀食 5～6 d，老熟后脱果落地化蛹，蛹羽化成虫继续产卵发生下一代，有世代重叠现象。樱桃果蝇成虫为舐吸式口器，主要以舐吸水果汁液为食，对发酵果汁和糖醋液等有较强的趋性。果蝇成虫飞翔距离较短，多在背阴和弱光处活动，多数时间栖息于杂草丛生的潮湿地里。

防治方法：

①农业防控技术措施：彻底清园，压低虫口基数，减少发生量。一是樱桃果实膨大着色期，及时清除果园内外的杂草和垃圾。二是果实成熟时及时采收，成熟后尽快清除裂果、病虫果及残次果。三是采收后，应及时清除果园中的落果、烂果，集中深埋处理。四

是秋末冬初，冬剪后应及时清除园内落叶、果枝，结合施基肥集中深埋或者集中烧毁。

秋末冬初深翻园地，消灭在果园土壤中越冬的果蝇（蛹）。根据果蝇成虫多在草丛、靠近地面、弱光处和树上背光处活动的习性，提倡大樱桃果园以清耕为主。针对果蝇蛹在土壤表层和烂果上越冬的习性，入冬前应进行全面深翻耕，清除果园烂果，恶化果蝇越冬场所，降低虫口越冬基数。

②物理防控技术措施：针对果蝇的趋化性，利用糖醋液诱杀成虫。将糖∶醋∶果酒∶橙汁∶水按 1.5∶1∶1∶1∶10 的比例配制成糖醋液，放入口径约 20 cm、深约 8 cm 的塑料盆中，每盆约 500 mL，于 5 月上中旬悬挂于果园树冠下部阴凉处，高度不超过 1 m，每 666.7 m^2 悬挂 8～10 盆，定期清除盆内成虫，每周更换一次糖醋液，虫量大时或雨水多时应补充糖醋液。每 500 mL 糖醋液中，再加入 5 g 豆腐乳或灭蝇灵，可提高诱杀成虫效果。

使用性诱剂或悬挂粘虫板。每 666.7 m^2 果园悬挂 15～20 个，可有效地杀灭果蝇雄虫，干扰雌雄交配，降低虫口基数。

③化学防控技术措施：化学防治的重点部位应以成虫集中活动的树冠内膛和地面草丛为主。

地面防治：一般 5 月中旬左右在果园地面全面喷洒 40% 毒死蜱（新农宝）乳油 400 倍液，杀灭脱果幼虫或出土成虫，间隔 15 d 喷 1 次，共喷 2～3 次。

树上、树下防治：在樱桃果实成熟前 15 d 左右，果园放置糖醋液，树上喷洒植物性杀虫剂 0.6% 苦内酯水剂 1 000 倍液，重点喷施树冠内膛，每隔 7 d 喷一次，连喷 2～3 次即可。在树上防治的同时，在果园地埂杂草上，喷洒无公害农药 40% 乐斯本乳油 1 500 倍液和 2% 阿维菌素乳油 4 000 倍液。以后每隔 7～10 d 再喷洒上述农药一次。

☞153. 如何综合防治大樱桃病虫害？

全国各地气候，病虫害发生情况不一样，综合防治技术也不同，我们把山东省烟台市农科院大樱桃研究所制定的病虫害综合防治历（表21）介绍如下，供各地参考。

表21　山东省烟台市大樱桃病虫害综合防治历
（山东烟台市农业科学研究院大樱桃研究所）

喷药时间	主要防治对象	防治措施	说明
3月中下旬（萌芽前）	流胶病 根茎腐烂病 穿孔病、叶斑病等越冬病害	刮去胶，直接涂抹菌之敌5倍液 树干周围挡起小湾，灌200倍的$CuSO_4$ 喷5波美度石硫合剂或21%菌之敌50倍封闭地面	每次喷药，树干周围的地面及主干都要喷透、喷匀，5月下旬，根茎腐烂病的防治再重复一次
4月中旬（花前）	防霜冻，提高坐果率	喷精品泰宝800倍或每666.7 m^2 土施三宝15 kg配合每株施嘉贝特生物有机肥5 kg	
4月下旬（幼果期）	穿孔病、叶斑病 梨小食心虫、苹小卷叶蛾 绿盲蝽	21%诺星1 000倍或赛生800倍加碧绿600倍或叶枯唑1 000倍 甲氧虫酰肼3 000倍，或10%三氟氯氰菊酯6 000倍 25%铁拳2 000倍	真菌性和细菌性的叶部病害一起防治 没有虫的园，不喷杀虫剂
5月上旬（果实膨大期）	膨大果个，提高品质	精品泰宝800倍	新梢期再喷1次200倍PBO，可促进成花
5月中旬（果实硬核期）	褐腐病、叶斑病 穿孔病 桑白介壳虫 红、白蜘蛛 预防落果	70%多乙800倍+25%苯醚甲环唑1 500倍 40%新农宝1 000倍 10%螨门斩1 200倍 精品泰宝800倍	防治桑白介壳虫的关键时期

续表 21

喷药时间	主要防治对象	防治措施	说明
6 月上中旬（采收前）	预防裂果	喷贝尔钙 1 000～1 500 倍或土施硅钙镁肥	
6 月中下旬（采收后）	金缘吉丁虫	48% 毒高 1 500 倍，尤其树干和枝干要喷匀	大樱桃采收后仍要重视病虫害防治，防止早落叶，以免影响花芽质量
	叶斑病、穿孔病	1∶2∶200 倍波尔多液	
7 月上中旬	叶斑病、穿孔病	25% 苯醚甲环唑 1 500 倍液	
7 月中下旬	叶斑病、穿孔病	1∶2∶200 倍波尔多液	
8 月上中旬	叶斑病、穿孔病	70% 伊诺多·锰锌 600 倍液	
11 月上旬	根茎腐烂病	树干涂白或树盘喷浓石灰乳	

☞ 154. 如何防止鸟害？

大樱桃成熟时节常有鸟类取食，造成很大经济损失。为了防止鸟类取食，国外通常采用撒网的办法，将树体保护起来，可免遭危害。美国采取的措施如下。

(1)采收前 7 d 在树上喷杀虫剂灭梭威，使害鸟忌避。

(2)用乙炔自动爆炸装置或用 2～3 寸的爆竹按一定距离系在一小根导火引线上，可控制 2～4 亩樱桃园。

(3)商店出售一种有害鸟惨叫声的录音磁带，当扩音器播出这种叫声时把害鸟吓跑。

(4)用高频警报装置干扰鸟类的听觉系统。

目前防鸟害最有效的方法是在树体周围架设防鸟网，保护果园；另外还可设置稻草人来吓鸟。

十、樱桃的采收与贮藏保鲜

☞155．大樱桃如何确定采收时间？

樱桃果实在生长发育到一定时期后，才能充分反映品种的特有风味和品质。若采收过早，果实尚未完熟，不仅降低产量和品质，而且影响贮藏效果。若采收过晚，果实过熟，肉质变软，果皮易挤伤变褐，不耐贮运，严重影响商品价值。采收时期因果实的用途不同而有所差异：观光采摘或就地上市的果实要在充分成熟、风味最佳时采收；外销及用于加工的果实宜在八九成熟时采收；用于贮藏的果实宜在九成熟时采收。

樱桃的成熟标志可参照以下特征：

(1)色泽。黄色樱桃类的品种，当果皮底色退绿变黄、阳面开始着红晕，红色面积占果面 2/3 时，即已成熟。红色樱桃类品种，当果面全红时即为成熟；紫色品种，当果面由红变紫，远望果实呈紫色，果面有光泽时即可采收。

(2)发育期。一般早熟大樱桃果实发育期为 30～40 d，中熟品种为 40～50 d，晚熟品种需 50～60 d，中国樱桃在果实变红、果柄变软时即可采收。据此可大致推算出园中樱桃的成熟日期。

(3)可溶性固形物。樱桃在成熟时，果实含酸量逐渐降低，含糖量逐渐升高，果实内部可溶性固形物达到一定的相对稳定值。如那翁品种成熟时为 15.8％，红灯为 17.1％。各种樱桃品种在成熟时，可溶性固形物含量都有一定的标准，据此可判断某个品种的成熟期。

☞156. 大樱桃果实如何进行分级?

分级是销售前重要的一环,要本着优质优价的原则,采摘下的果实,首先要及时剔除病果、僵果、烂果。其次根据果实大小、着色程度来进行分级;直接用于上市销售的果实,分级可略粗放些,用于贮藏的果实,分级要细致些。分级一般按果个、色泽、果面等感官指标划分;还应结合根据市场要求,进行等级划分。

☞157. 标准化生产的樱桃果实安全指标有什么要求?

中华人民共和国农业部发布的农业行业标准,《NY 5201—2004 无公害食品樱桃》中规定,鲜食樱桃安全指标如表22所示。

表22 无公害食品樱桃的安全指标

序号	项目	指标
1	铅	≤0.2
2	镉	≤0.03
3	总砷	≤0.5
4	敌敌畏	≤0.2
5	毒死蜱	≤1.0
6	氰戊菊酯	≤0.2
7	氯氰菊酯	≤2.0
8	多菌灵	≤0.5

注:根据《中华人民共和国农药管理条例》,剧毒和高毒农药不得在果树生产中使用。

绿色和有机标准樱桃的安全指标国家尚没有专用标准规定,但绿色标准樱桃安全指标应符合《NY/T 844—2004 绿色食品 温带水果》中的相关标准;有机标准樱桃安全指标应符合国家标准《GB/T 19630.1~19630.4—2005 有机产品》中相关标准。具体应用时,可到政府农业服务部门咨询上述标准。

☞158. 贮藏樱桃如何包装?

(1)包装的作用。樱桃果实含水量高,果皮薄,易受到机械损伤,病菌易侵染。良好的包装,在储运过程中,可以减少果实之间的摩擦、碰撞、挤压,防止果品受到污染,减少病虫害的侵染,保持果实原有的色、香、味。好的包装,可以便于机械化操作,减轻劳动强度,有利于充分利用仓贮空间,合理垛码。

(2)包装容器的要求。包装材料主要有包装箱、塑料袋、衬垫纸、捆扎带等。

①包装箱:主要有木箱、纸箱、塑料箱、聚苯泡沫箱,木箱、塑料箱规格为 5 kg 左右容量,纸箱、聚苯泡沫箱较灵活,箱子的外形多为长方形。

②塑料袋:主要用于气调、保湿,必须采用食品包装允许使用的无毒、清洁、柔软的塑料膜制作。

③衬垫纸、捆扎带等应清洁,衬垫纸要柔软,吸水性强。

④包装容器外面应注明商标、品名、等级、重量、产地、特定标志、包装日期。

(3)包装方法与要求。采后的樱桃要立即装箱,预冷,入贮。装箱时,要等级分明,果粒之间以不窜动为度,避免装箱过满或过少造成损伤。

(4)有机产品的包装。包装材料符合国家标准要求,提倡使用可重复、可回收和可生物降解的包装材料;包装应简单实用;禁止使用接触过禁用物质的包装物或容器。

☞159. 按标准化生产要求如何对产品进行标志和标签?

所谓标识是指在销售的产品上、包装上、产品的标签上或者随同产品提供的说明书上，用书写的或印刷的文字或图形的形式对产品所作的标示。

(1)无公害樱桃的标志。按照国家《食品标签通用标准》执行，要求包装箱上明确标明产品名称、数量、产地、包装日期、保存期、生产单位、储运注意事项等内容，字迹清晰、完整、无错别字。

(2)绿色产品的标志和销售

①在内外包装标签上使用绿色食品标志时，绿色食品标志的标准图形、标准字体、图形与字体的规范组合、标准色、编号规范必须按照《中国绿色食品商标标志设计使用规范手册》要求执行，并报中国绿色食品发展中心审核、备案。

②包装标签必须做到“四位一体”，即绿色食品标志图形、“绿色食品”文字、编号及防伪标签全部体现在包装上。凡标志图形出现时，必须附注册商标符号“R”。在产品编号正后或正下方注明“经中国绿色食品发展中心许可使用绿色食品标志”的文字，其规范英文为“Certified China Green Food Product”。

③包装箱上应标明产品名称、数量、产地、包装日期、保存期、生产单位、贮运注意事项等内容。字迹清晰、完整、无错别字。

④标签上必须注明产品名称、净含量及固形物含量、产地、包装日期、保存期、储运注意事项、质量(品质等级)和产品标准号。另外还要注明防腐剂、色素等所用种类及用量。

(3)有机产品的标识

①按照国家标准生产并获得有机产品认证的产品，方可在产品名称前标识“有机”。

②中国有机产品认证标志分为中国有机产品认证标志和中国有机转换产品标志，仅用于按照国家标准生产并经认证机构认证的相应的有机产品或有机转换产品。获证产品或者产品的最小销售包装上应当加施中国有机产品认证标志及其唯一编号(编号前应注明“有机码”以便识别)、认证机构名称或者其标识。

此外有机产品在销售时还要注意下列事项：

①为保证有机产品的完整性和可追溯性，销售者在销售过程中应当采取但不限于下列措施。

——有机产品应避免与非有机产品的混合。

——有机产品避免与有机产品生产不允许使用的物质接触。

——建立有机产品的购买、运输、储存、出入库和销售等的记录。

②有机产品进货时，销售商家索取有机产品认证证书的证明材料。

③应对有机产品的认证证书的真伪进行验定，并留存认证证书复印件。

④应在销售场所设立有机产品销售专区或陈列专柜，并与非有机产品销售区、柜分开。

⑤在有机产品销售专区或陈列专柜，应在显著位置摆放有机产品认证证书复印件。

⑥不符合有机产品认证标识要求的产品，不能作为有机产品进行销售。

☞160. 大樱桃果实的呼吸类型如何？

大樱桃属于非呼吸跃变型果实，在成熟及贮藏过程中，其呼吸强度没有明显的增强，而且一直呈下降趋势，通常认为大樱桃属于中等呼吸强度的果实。不同品种、不同贮藏条件下的大樱桃呼吸速率存在较大差异，一般的早熟品种果实的呼吸速率高于晚熟品种，因此不耐贮藏。在一定温度条件下，大樱桃的呼吸强度随着贮藏温度的升高而增强，一般温度每升高 10℃，其呼吸速率提高 1.5 倍。贮藏环境中氧气浓度降低会造成果实呼吸强度的下降，特别是当环境的氧气浓度低于 10% 时，果实的呼吸速率会急剧下降，二氧化碳的积累则对果实呼吸强度没有显著影响。

☞161．大樱桃果实对贮藏环境温度、湿度及气体条件有何要求？

(1)温度。大樱桃的冰点为－2℃，所以大樱桃可在－1℃下贮藏，但在此温度条件下，大樱桃的风味损失比1～2℃时快，而酸樱桃在－1℃时不变味。易腐烂的大樱桃品种要在1℃贮藏。

(2)湿度。樱桃皮薄，柔软多汁，含水量高，耐贮性差，对湿度的要求极严。一般要求相对湿度要在90%，低于此湿度，极易造成果梗失水，继而果面皱缩、果肉褐变。

(3)气体条件。乙烯对大樱桃果实的采后衰老有一定影响，大樱桃果实成熟及贮藏过程中的乙烯释放量很小，但贮藏条件差的果实乙烯释放量大，表明了乙烯的催熟作用。因此，在贮藏过程中要尽量避免乙烯的产生。

樱桃不易受二氧化碳的伤害，直到二氧化碳浓度超过40%时才显示损伤，所以樱桃可用高浓度二氧化碳贮藏。一般在0℃条件下，二氧化碳浓度可提高到20%～25%。

果肉褐变是水果贮藏过程中普遍存在的一个问题，果实组织褐变主要因子是多酚氧化酶(PPO)活性和氧气的供应等，大樱桃在贮藏过程中，当果实处在超高氧状态和低湿时，果肉褐变加剧，说明贮藏环境的氧气是影响贮藏效果的主要因子。

☞162．贮藏过程中果实营养成分有何变化？

大樱桃的营养成分包括糖、蛋白质、有机酸、矿物质、维生素等。贮藏过程中，果实可溶性固形物、可滴定酸、维生素C含量均呈下降趋势，但下降速度存在较大差异。如红灯樱桃果实在1℃条件下贮藏 40 d，可溶性固形物含量比采收时下降 11%，可滴定酸和维生素 C 含量分别下降了 21% 和 58%。由于可滴定酸含量下降的速度要快于可溶性固形物的速度，因此造成贮藏后期果实糖酸比失调，严重影响果实风味。在贮藏过程中要尽量减少可滴定酸和维生素 C 含量的快速降低。

☞163．大樱桃采后的病害有哪些？贮前有何预处理措施？

(1)大樱桃采后病害。采后的微生物侵染是导致果实腐烂变质的主要原因，由真菌侵染引起腐烂变质损失可占采后损失的一半以上。常见的采后真菌病害主要有青霉病、灰霉病、软腐病、褐腐病、绿腐病等。通常在采前对果实喷布杀菌剂或采后用醋酸熏蒸、碳酸氢钠溶液浸果等办法消灭果面致病菌。

(2)贮前预处理的效果。钙处理在延缓果实采后衰老方面有一定作用。果实中钙的功能主要包括维持细胞壁的功能、调节果实呼吸代谢和乙烯生成，降低果实水分散失，提高果实组织对病原菌的抗性等。采前对果实喷 3%的氯化钙水溶液，可提高果实中钙的含量，提高果实的硬度和贮藏效果。

冷藏前，把大樱桃放在 50℃ 热水中浸泡 3 min，并用苯来特等杀菌剂防腐。用热水浸泡果的目的是为了形成一种对果实暂时不利的环境条件，促使果实内部在生理上抵抗外界不良环境的能力。

☞164．大樱桃的贮藏方式及保鲜技术有哪些？

大樱桃的贮藏可分为：简易贮藏、冷库贮藏和气调贮藏等几种类型。无论哪种类型的贮藏，都必须尽快预冷，消除田间热，降低贮藏前期的呼吸强度。

(1)简易贮藏。大樱桃采收后，要尽量避免在田间滞留时间过长,可把樱桃装入食用塑料袋内,扎紧袋口,放入冰水中,迅速吸收田间热。此法可贮藏 5 d 左右。

把大樱桃放入果篮,吊入水井中,距水面 50 cm 左右,可贮藏 5～7 d。以上办法适合小批量贮藏。

(2)冷库贮藏法。首先,把大樱桃放入 2℃ 左右的冷库中预冷 24 h 以上,然后放入 10 kg 干净带孔眼的塑料筐内,每筐装 5 kg 左右的樱桃(防止压果),码放在普通冷库内。调节库内温度稳定在 −0.5～0.5℃,湿度 90%～95% 贮藏。

(3)气调贮藏。气调贮藏主要是通过调节贮藏环境的氧气和二氧化碳浓度来控制果实的生命活动,从而达到减缓果实衰老和延长贮藏寿命的目的。有利于保持大樱桃果柄及果面颜色和果实硬度,减缓可溶性固形物、可滴定酸、维生素 C 含量的下降,抑制贮藏环境微生物的活动,减少腐烂,延长果实的贮藏时间,提高贮藏品质,是一种理想的贮藏办法。

气调贮藏的推荐指标为:温度 −0.5～0.5℃,氧气浓度 3%～10%,二氧化碳浓度 5%～10%,湿度 90%～95%。一般可贮藏 70～90 d。

虽然低氧和高二氧化碳浓度可抑制果实的呼吸,但有些品种对低氧和高二氧化碳浓度很敏感,容易造成伤害,因此,不同品种果实适宜的气调贮藏条件因品种的贮藏特性不同而有差异,这在实践中尤为重要。

气调贮藏虽然可延长贮藏期,提高贮藏品质,但如果要销售,则必须一次性提走货物(取货时破坏了贮藏所需的氧气、二氧化碳等环境条件),因此气调贮藏适用于大进大出销售型的樱桃贮藏。

正规的气调贮藏库的工艺和设备标准很高,且库容量大,在我国分布不多。在多年的实践中,我国在水果贮藏方面摸索出许多简易的气调贮藏方法。

①塑料大帐法:一般用厚度 0.14 mm 聚乙烯塑料薄膜做成近长

方体或正方体的大帐(类似于蚊帐形状),帐的大小依贮藏量而定。帐的两侧留有进、排气口,用支架等材料将大帐固定在库里,避免大帐与贮藏货物接触,帐底与地面密封、固定,防止漏气。大帐贮藏法一般用制氮机或氮钢瓶向帐内充入氮气,排出帐内原有空气,使帐内氧气浓度降至3%左右,库间温度调整到−0.5～0.5℃即可。如贮藏时间长,要定期检查帐内气体指标,及时调整到樱桃贮藏所需的最佳气体条件。塑料大帐法简便易行,成本低,效果好,贮藏量大小可控制,是樱桃的一种实用的气调贮藏办法。

②塑料小包装气调法:塑料小包装气调法是最简单易行的贮藏方法,在北方地区的普通冷藏库已广泛用于蔬菜和水果的贮藏上,效果非常理想。采用0.02～0.03 mm厚的塑料薄膜,根据需要做成1～5 kg装的膜袋,放入樱桃后用线绳扎口或热封口,放入±0.5℃的库中。由于樱桃在贮藏过程中可耐高浓度二氧化碳,用塑料小包装贮藏不仅成本小,操作方便,节约库位,而且避免了正规气调库在销售时必须一次性出售的弊端,减轻了销售压力,不失为农村小面积生产樱桃果农的理想贮藏方法。

(4)减压贮藏。减压贮藏是利用真空泵抽出库内空气,形成低气压环境进行贮藏的一种办法。库内气压一般控制在5.3～26.6 kPa汞柱,空气相对湿度是靠加湿气完成的,一般湿度控制在90%以上。其湿气流每小时换气1～2次,气压周期性的循环回到大气压。减压贮藏法在抽空气的同时也减少库内氧气的含量,将果实的呼吸控制在最低限度。另外还排除库内一部分二氧化碳、乙烯等气体。减少了贮藏过程中的一些生理病害,延缓了果实衰老,使果实色泽保持新鲜,果柄保持青绿,在同一温度条件下与常压条件比较,果实发生腐烂要迟一些。减压贮藏的果实硬度和风味损失也很小,一般可保鲜8～10周,是一种理想的贮藏方法。

不管是冷库贮藏还是气调贮藏,樱桃出库前,应经过一个缓冲阶段,一般先升温到12℃,再进入常温。酸樱桃不能用冰运输。

参考文献

[1]张鹏，等. 樱桃无公害高效栽培. 北京:金盾出版社,2004.

[2]董清华，等. 樱桃三高栽培技术. 北京:中国农业大学出版社,1998.

[3]于绍夫. 大樱桃栽培新技术. 3 版. 济南:山东科学技术出版社,2002.

[4]吴禄平，等. 甜樱桃无公害生产技术. 北京:中国农业出版社,2002.

[5]于国合，等. 大樱桃. 北京:中国农业大学出版社,2005.

[6]郭晓成，等. 大樱桃栽培新技术. 杨凌:西北农林科技大学出版社,2005.